# 高手之路

## 剪映即梦AI
## 图片与视频生成一本通

前 思◎编著

中国铁道出版社有限公司
CHINA RAILWAY PUBLISHING HOUSE CO., LTD.

图书在版编目（CIP）数据

高手之路：剪映即梦 AI 图片与视频生成一本通 ／ 前思编著． -- 北京：中国铁道出版社有限公司，2025. 5.
ISBN 978-7-113-32004-1
Ⅰ. TP317.53
中国国家版本馆 CIP 数据核字第 20259SS067 号

书　名：高手之路——剪映即梦 AI 图片与视频生成一本通
GAOSHOU ZHI LU: JIANYING JIMENG AI TUPIAN YU SHIPIN SHENGCHENG YI BEN TONG

作　者：前　思

责任编辑：张亚慧　　　编辑部电话：（010）51873035　　　电子邮箱：lampard@vip.163.com
封面设计：宿　萌
责任校对：苗　丹
责任印制：赵星辰

出版发行：中国铁道出版社有限公司（100054，北京市西城区右安门西街 8 号）
网　　址：https://www.tdpress.com
印　　刷：河北宝昌佳彩印刷有限公司
版　　次：2025 年 5 月第 1 版　　2025 年 5 月第 1 次印刷
开　　本：710 mm×1 000 mm　1/16　印张：15.25　字数：258 千
书　　号：ISBN 978-7-113-32004-1
定　　价：88.00 元

**版权所有　　侵权必究**

凡购买铁道版图书，如有印制质量问题，请与本社读者服务部联系调换。电话：（010）51873174
打击盗版举报电话：（010）63549461

# 前 言

在日新月异的数字时代，AI创作已不再遥不可及，它正以不可阻挡之势改变着艺术与创作的边界。然而，在AI生图与生视频的道路上，时常遭遇诸多痛点：创意的火花难以瞬间转化为视觉盛宴，技术的门槛让许多人望而却步，如何在海量数据中寻找灵感、提升作品完成度与质量，成为横亘在创作者面前的难题。正是基于这些痛点，精心编写了本书，旨在通过即梦AI这一强大的创作工具，为每一位创作者赋能，让AI成为创意实现的加速器。

本书深刻洞察了AI生图与生视频过程中的核心挑战，如创意表达的局限性、技术操作的复杂性，以及作品质量的参差不齐。我深知，真正的创作需求在于如何快速、高效地将想法转化为令人惊叹的视觉作品。因此，本书从基础篇到进阶篇，再到高级篇、应用篇，层层递进地介绍了即梦AI的六大核心功能，即文生图、图生图、智能画布、文生视频、图生视频，以及故事创作，帮助读者轻松跨越技术门槛，实现创意的自由驰骋。通过本书的引导，将学会如何利用即梦AI捕捉每一个灵感瞬间，将其转化为生动、鲜活的图片与视频作品，让创作不再是遥不可及的梦想。

本书的特色与亮点如下：

①**系统性教学**：本书结构清晰，从AI创作的基础知识讲起，逐步深入到高级技巧，形成一个完整的学习体系。无论你是AI创作的初学者，还是希望进一步提升技能的专业人士，都能在这里找到适合自己的学习路径。

②**实战导向**：理论结合实践是本书的一大特色。书中不仅详细介绍了即梦AI的各项核心功能，还通过丰富的实战案例，如AI艺术插画、AI产品设计、AI风景摄影等，让读者在操作中掌握技能，真正做到学以致用。

③**解决创作痛点**：针对AI创作中的常见痛点，本书提供了详尽的解决方案。无论是提高作品完成度、优化创作流程，还是提升作品质量，即梦AI为你的创作之路保驾护航。

④**丰富的学习资源**：本书还附赠了40多个精选素材、100多个效果文件，以及120多个同步教学视频，为读者的学习之旅提供了全方位的支持。这些资源不仅能够帮助读者更好地理解书中的知识点，还能激发创作灵感，给初学者的学习之路提供帮助。

本书精心设计了系统的内容结构，旨在为读者提供一条清晰的学习路径，从基础操作到高级技巧，逐步引导读者掌握剪映软件的AI功能。

本书结构如下：

【基础篇】

本篇共三章内容，从AI入门、探索即梦AI平台、掌握AI创作工具这些内容入手，系统地讲解了即梦AI的基本功能及AI功能的具体操作，让读者掌握最基础的操作，巩固好基础，为后面的综合案例操作做好理论准备。

【进阶篇】

本篇共六章内容，从文生图、图生图、智能画布、文生视频、图生视频，以及故事创作这六章内容入手，系统地讲解了即梦AI的六大核心功能及各项功能的具体操作，让读者更加熟悉即梦AI，创作出更多优秀的作品。

【高级篇】

本篇共两章内容，包括即梦AI绘画的基本技巧及剪映手机版的AI创作，系统地讲解了剪映手机版的基本功能及即梦AI绘画功能的具体教学，让读者学习更多的专业知识。

【应用篇】

本篇共三章内容，主要介绍了即梦AI的AI绘画与AI视频的各种实战案例，包括AI艺术插画、AI产品设计、AI风景摄影、AI人像摄影、AI电影预告、AI动物记录、AI游戏CG、AI风景视频及从无到有全流程共九个实战案例，通过案例对剪映电脑专业版的基本剪辑功能进行详细讲解，让读者学会在电脑版剪映中使用AI制作及处理视频。

关于版本，作如下说明：

①**版本更新**：本书在编写时是基于当前各种AI工具和网页平台的界面截取的实际操作图片，本书涉及的即梦AI为网页版，剪映App为14.4.0版，剪映电脑版为5.9.0。虽然在本书的写作过程中，是根据当前界面或网页截取的实际操作图片，但书从写作到出版需要一段时间，在此期间，这些工具或网页的功能和界面

可能会有变动，请在阅读时，根据书中的思路，举一反三，进行学习。

②提示词的使用：需要注意的是，即使是相同的提示词，AI工具每次生成的图像和视频效果也会有差别，这是模型基于算法与算力得出的新结果，是正常的，所以，大家看到书里的截图与视频有所区别，包括大家用同样的提示词，自己再制作时，制作出的效果也会有差异。因此，在观看视频教程时，读者应把更多的精力放在提示词的编写和实操步骤上。

如果读者需要获取书中案例的素材、效果、提示词和视频，请使用微信"扫一扫"功能扫描封面上的二维码查看，也可利用下载链接进行下载。

由于本人知识水平有限，书中难免有疏漏之处，恳请广大读者批评、指正，沟通和交流请联系微信：2633228153。

前　思
2024 年 12 月

# 目　　录

## 基础篇　　　　　　　　　　　　　　　　1

### 第1章　AI 入门：创作与即梦 AI　　　3

#### 1.1　AI 创作：艺术新形式　　　4
　　1.1.1　AI 创作：创意新高度　　　4
　　1.1.2　AI 生图：绘画新方式　　　4
　　1.1.3　AI 生视频：渲染更快捷　　　5

#### 1.2　即梦 AI：创作新软件　　　6
　　1.2.1　初识即梦 AI：简介与定位　　　6
　　1.2.2　了解即梦 AI：历史与发展　　　7
　　1.2.3　熟悉即梦 AI：优势与特点　　　8

### 第2章　探索即梦 AI：平台的奥秘　　　13

#### 2.1　登录即梦 AI：两种操作方法　　　14
　　2.1.1　扫码授权：抖音登录即梦 AI　　　14
　　2.1.2　验证码授权：手机号登录即梦 AI　　　15

#### 2.2　了解即梦 AI：各大页面介绍　　　16
　　2.2.1　功能页面：网站工具导航　　　17
　　2.2.2　社区探索：用户作品集合　　　18
　　2.2.3　创作活动：激发用户潜能　　　19
　　2.2.4　个人主页：社交互动中心　　　21
　　2.2.5　资产管理：查看所有作品　　　21

## 2.3 核心功能：创造无限可能 22
### 2.3.1 文生图：文本转换成图像 23
### 2.3.2 图生图：生成相似风格图像 24
### 2.3.3 智能画布：图像编辑工具 25
### 2.3.4 文生视频：文本动态转换 25
### 2.3.5 图生视频：静态转化动态 26
### 2.3.6 故事创作：拼凑出连贯作品 27

# 第 3 章 AI 创作：掌握工具 29

## 3.1 AI 作画：技术特点 30
### 3.1.1 高度逼真：创作艺术作品 30
### 3.1.2 艺术创新：快速变换风格 30
### 3.1.3 自适应着色：快速填充色彩 31
### 3.1.4 图像增强：生成高分辨率 31

## 3.2 掌握即梦 AI：基础操作 33
### 3.2.1 结合实际：确定创作主题 34
### 3.2.2 借用工具：生成 AI 提示词 34
### 3.2.3 输入提示词：生成 AI 作品 35
### 3.2.4 调整 AI 作品：修改提示词 36
### 3.2.5 后期处理：提升作品质感 36

# 进阶篇 39

# 第 4 章 以文生图：一语成画 41

## 4.1 以文生图：进行 AI 绘画 42
### 4.1.1 输入文本：一键生成画作 42
### 4.1.2 设置参数：提升画面精细度 43
### 4.1.3 设置比例：控制图片尺寸 45

　　　　4.1.4　再次生成：重新生成图像　　　　　　　46
　　　　4.1.5　重新编辑：调整生图参数　　　　　　　47
　　　　4.1.6　一键生成：做同款图像　　　　　　　　49

　4.2　提升美感：打造专业效果　　　　　　　　　　50
　　　　4.2.1　突出主体：表现画面元素　　　　　　　50
　　　　4.2.2　合理构图：展现画面美感　　　　　　　51
　　　　4.2.3　出图品质：展现专业级画质　　　　　　53

# 第 5 章　以图生图：妙图生花　　　　　　　　　　55

　5.1　生图技术：参考图片风格　　　　　　　　　　56
　　　　5.1.1　参考角色：保留人物形象　　　　　　　56
　　　　5.1.2　参考轮廓：描绘物体外形　　　　　　　58
　　　　5.1.3　参考景深：识别视觉焦点　　　　　　　60

　5.2　精细控制：调整相应设置　　　　　　　　　　62
　　　　5.2.1　修改图片：调整参考程度　　　　　　　62
　　　　5.2.2　重新设置：调整图片比例　　　　　　　64
　　　　5.2.3　细节修复：重绘图片瑕疵　　　　　　　66
　　　　5.2.4　快速选择：批量下载图片　　　　　　　68

# 第 6 章　智能画布：二次编辑　　　　　　　　　　73

　6.1　智能画布：创建与编辑　　　　　　　　　　　74
　　　　6.1.1　以图生图：创建智能画布　　　　　　　74
　　　　6.1.2　图层对象：改变显示顺序　　　　　　　76
　　　　6.1.3　画布图层：显示与隐藏　　　　　　　　78

　6.2　二次创作：编辑图片内容　　　　　　　　　　80
　　　　6.2.1　局部重绘：描绘所选区域　　　　　　　80
　　　　6.2.2　消除笔：去除多余元素　　　　　　　　83
　　　　6.2.3　文字效果：丰富视觉表达　　　　　　　85

## 第 7 章　文生视频：动态创作　　89

### 7.1　文本创作：基础效果设置　　90
- 7.1.1　横幅视频：匹配视觉场景　　90
- 7.1.2　重新编辑：再次生成视频　　92
- 7.1.3　延长视频：增加视频内容　　94

### 7.2　进阶创作：打造影视级视频　　95
- 7.2.1　突出主体：描述细节特征　　96
- 7.2.2　视频场景：打造生动效果　　98
- 7.2.3　描述细节：精准重现效果　　100
- 7.2.4　丰富主体：描述动作与情感　　101
- 7.2.5　增强效果：指定技术与风格　　104

## 第 8 章　图生视频：静态转化　　107

### 8.1　上传图片：生成视频效果　　108
- 8.1.1　参考图片：快速生成视频　　108
- 8.1.2　图文结合：综合创作效果　　109
- 8.1.3　首帧尾帧：动态过渡效果　　111

### 8.2　编辑工具：设置视频属性　　113
- 8.2.1　运镜控制：默认随机方式　　113
- 8.2.2　推进变焦：逐渐放大画面　　114
- 8.2.3　拉远变焦：拉远运镜方式　　116
- 8.2.4　再次生成：调整视频效果　　118
- 8.2.5　运动速度：控制画面变换　　120

## 第 9 章　故事创作：短片构建　　123

### 9.1　图生视频：传统服饰　　124
- 9.1.1　创建分镜：规划故事框架　　124
- 9.1.2　参考图片：生成主体风格　　127

  9.1.3 图转视频：全新创作体验  131
  9.1.4 导入音频：提升视频质量  132
  9.1.5 导出成片：创建完整作品  133

### 9.2 文生视频：四季变换  134

  9.2.1 文生视频：实现创意构想  135
  9.2.2 添加音频：铺设情感基调  139
  9.2.3 导出短片：创意变成现实  141

## 高级篇  143

## 第10章 AI技巧：绘画与视频  145

### 10.1 AI图片：优化画面效果  146

  10.1.1 模拟相机：拍摄的真实感  146
  10.1.2 背景虚化：突出照片主体  147
  10.1.3 渲染画质：专业级的效果  148
  10.1.4 逼真细节：高品质高分辨率  149
  10.1.5 合理构图：增强画面层次感  150

### 10.2 AI绘画：提升艺术风格  151

  10.2.1 古典主义：传统艺术元素  151
  10.2.2 纪实主义：反映现实生活  151
  10.2.3 超现实主义：梦幻主义风格  152

### 10.3 AI视频：提示词编写技巧  154

  10.3.1 编写建议：生成预想效果  154
  10.3.2 编写顺序：改变画面效果  155
  10.3.3 编写事项：提高视频质量  156

### 10.4 AI视频：影视级效果  157

  10.4.1 描述主体：刻画细节特征  157
  10.4.2 构图技法：突出视觉焦点  158

## 第11章　剪映 App：创作与剪辑　　161

### 11.1　AI 视频：一键生成视频　　162

11.1.1　一键成片：图片生成视频　　162

11.1.2　图文成片：静态转为动态　　164

11.1.3　剪同款：模仿样式和效果　　166

### 11.2　AI 绘画：一键生成图片　　167

11.2.1　AI 作图：以文生图　　168

11.2.2　AI 绘画：做同款图片　　169

11.2.3　AI 特效：以图生图　　172

11.2.4　AI 商品图：做产品主图　　174

# 应用篇　　177

## 第12章　AI 绘画：图片生成实战　　179

### 12.1　AI 艺术插画：儿童绘本　　180

12.1.1　图片生成：输入提示词　　180

12.1.2　细节修复：高质量图像　　182

### 12.2　AI 产品设计：科技跑鞋　　183

12.2.1　图片生成：导入参考图　　183

12.2.2　超清图像：提高清晰度　　186

### 12.3　AI 风景摄影：故宫雪景　　187

12.3.1　图片生成：模型与比例　　187

12.3.2　重新编辑：细化提示词　　188

12.3.3　再次生成：提高精细度　　190

### 12.4　AI 人像摄影：簪花女生　　191

12.4.1　智能画布：上传参考图　　192

12.4.2　图生图：生成全新图像　　194

12.4.3　高级设置：提升图像美感　　195

# 第13章 AI 视频：画面生成实战　199

## 13.1 AI 电影预告：末日逃亡　200
### 13.1.1 使用尾帧：变化更流畅　200
### 13.1.2 添加提示词：使过渡更加流畅　201

## 13.2 AI 动物记录：悠闲小猫　202
### 13.2.1 文生图：确定视频基调　203
### 13.2.2 图文生视频：更改设置　204

## 13.3 AI 游戏 CG：黄金圣殿　206
### 13.3.1 文生图：设置生图精细度　207
### 13.3.2 图生视频：上传参考图　208

## 13.4 AI 风景视频：雨中竹叶　209
### 13.4.1 文生视频：设置相应参数　210
### 13.4.2 重新生成：快速再生视频　211

# 第14章 从无到有：全流程实战　213

## 14.1 无中生有：生成视频素材　214
### 14.1.1 文生图：生成相应图片　214
### 14.1.2 图生图：创建相似角色　216
### 14.1.3 文生视频：创造梦想场景　218
### 14.1.4 图生视频：生成系列效果　219

## 14.2 整合素材：剪成综合效果　222
### 14.2.1 导入素材：制作基础步骤　222
### 14.2.2 添加转场：增强视觉效果　223
### 14.2.3 片头片尾：增强视频完整性　225
### 14.2.4 背景音乐：增强听觉效果　227
### 14.2.5 导出成品：展现创作成果　229

基础篇

# 第1章
# AI入门：
# 创作与即梦AI

　　AI绘画已经成为数字艺术的一种重要形式，它通过机器学习、计算机视觉和深度学习等技术，可以帮助用户快速生成各种艺术作品，同时也为人工智能领域的发展提供了一个很好的应用场景。另外，视频生成模型正逐渐从概念走向现实，其中，即梦AI视频生成模型凭借其强大的技术实力，引领着这一变革的浪潮。本章主要介绍AI绘画、AI视频和即梦AI的基础知识，让大家对AI绘画与视频有一个基本了解，为后面的学习奠定良好的基础。

## 1.1 AI 创作：艺术新形式

AI生图与AI生视频是数字化艺术的新形式，为艺术创作提供了新的可能性。那么，什么是AI生图与AI生视频呢？本节将从这些问题出发，介绍AI生图与生视频，让大家对AI生图与生视频"知其然"。

### 1.1.1 AI创作：创意新高度

AI艺术创作，即人工智能艺术创作，是指利用人工智能技术（如机器学习、深度学习、神经网络等）来生成或辅助创作艺术作品的过程。优势在于其能够快速地生成大量风格各异、富有创意的作品，为艺术创作提供了更多的可能性和新的视角及表达方式，图1-1为使用即梦AI创作的卡通现实风格的图片效果。

图 1-1　卡通现实风格

### 1.1.2 AI生图：绘画新方式

AI生图是指人工智能绘画，是一种新型的绘画方式。人工智能通过学习人类艺术家创作的作品，并对其进行分类与识别，然后生成新的图像。只需要输入简单的指令，就可以让AI自动化地生成各种类型的图像，从而创作出具有艺术美感的绘画作品，如图1-2所示。

AI生图主要分为两步：第一步是对图像进行分析与判断，第二步是对图像进行处理和还原。人工智能已经达到只需输入简单易懂的文字，就可以在短时间内得到一张效果不错的画面，甚至能根据使用者的要求对画面进行调整，如图1-3所示。

图 1-2　AI 绘画效果

图 1-3　调整画面的前后对比效果

## 1.1.3　AI生视频：渲染更快捷

在数字时代的浪潮中，视频内容已成为信息传播和娱乐产业的核心驱动力。AI视频指的是利用人工智能技术生成相应的视频内容，包括动画、模拟场景等，这种技术基于深度学习模型，如生成对抗网络（generative adversarial networks，GANs）、3D建模和渲染等，用户只需要输入相应的提示词，即可生成一段符合要求的AI视频作品，如图1-4所示。

图 1-4　AI 生视频效果

> **小贴士**
>
> 即梦AI在功能丰富性、AI编辑能力、创作效率、社区互动、中文创作支持等方面表现良好，对于需要快速生成创意内容的用户来说是一个巨大的福音，尤其是在内容创作竞争激烈的抖音平台上。

## 1.2　即梦 AI：创作新软件

即梦AI是由字节跳动公司抖音旗下的剪映推出的一款AI图片与视频创作工具。即梦AI可以用来做什么？优势与特点是什么？有哪些核心功能？接下来，在本节中将向读者详细介绍即梦AI的相关内容，以及它的核心功能。

### 1.2.1　初识即梦AI：简介与定位

用户只需要提供简短的文本描述，即梦AI就能快速根据这些描述将创意和想法转化为图像或视频画面，这种方式极大地简化了创意内容的制作过程，让创作者能够将更多的精力投入创意和故事的构思中，其首页操作页面如图1-5所示。

即梦AI的界面设计简洁明了，重点突出AI作图和AI视频两大功能模块，便于用户快速上手和操作。因此，即梦AI成为众多设计师及艺术爱好者的得力助手和首选创作平台，尤其是在内容创作竞争激烈的抖音平台上。

图 1-5　即梦 AI "首页"操作页面

即梦AI拥有海量影像灵感及兴趣社区，用户可以在这里找到创作灵感，与其他创作者交流心得，共同探索影像艺术的无限可能。从文案输入到作品生成，再到编辑和整理，即梦AI为用户提供了一整套流畅的工作流程，降低了创作门槛，提高了创作效率。

即梦AI作为一个一站式AI创意创作平台，凭借其强大的创作功能、优秀的用户体验及明确的市场定位，正在逐步成为内容创作领域的重要力量。

## 1.2.2　了解即梦AI：历史与发展

即梦AI是一个AI图片与视频创作平台，字节跳动公司宣布开放内测的时间是在2024年3月27日，该平台主要利用先进的人工智能技术，帮助用户将创意和想法转化为视觉作品，包括图片和视频。2024年6月，Dreamina更名为中文"即梦AI"，这一变更标志着品牌在本地化和品牌识别度上的进一步提升。

即梦AI宣布其AI作图和AI视频生成功能已全量上线，意味着用户可以更全面地体验到该平台提供的各项服务。图1-6为即梦AI的AI图片生成页面，此外还有AI视频创作、智能画布和故事创作页面。

图 1-6　即梦 AI 的 AI 图片生成页面

尽管即梦AI的AI视频生成技术相较于AI图片兴起的时间较短，但即梦AI在这一领域的发展迅速。虽然即梦AI与一些先驱产品如Sora相比可能还有差距，但已经展现出了不俗的潜力和效果。

根据用户反馈和媒体报道，即梦AI在提供便捷的AI创作体验方面得到了一定的认可，尽管在某些细节处理上还有提升空间，如人体动作的模拟、面部表情的细腻度等，随着技术的不断进步和应用场景的不断拓展，即梦AI的功能和应用场景也将不断扩展和完善，这意味着即梦AI的未来充满无限可能性和潜力。

即梦AI背后的技术实力不容小觑，它依托于字节跳动的技术背景，拥有资深的AI技术团队支持，致力于将AI技术应用于内容创作领域，推动创意产业的发展。随着产品的迭代优化和市场推广，即梦AI开发团队有望在未来取得更大的成功，成为AI创作领域的重要玩家。

> **小贴士**
>
> 即梦AI在品牌更名、核心功能发展、技术优化与迭代、市场反响与合作，以及未来展望等方面均取得了显著进展。作为AI技术在艺术创作领域的重要应用之一，即梦AI有望在未来继续引领行业发展潮流。
>
> 即梦AI的推出受到了市场的广泛关注和好评。用户普遍认为其生成效果稳定且高质量，尤其在中文创作方面表现出色。即梦AI已经与博纳影业等知名企业展开合作，通过AI技术制作视频作品，展现了其在影视行业的应用潜力。

### 1.2.3　熟悉即梦AI：优势与特点

近年来，人工智能技术的发展改变了人们的生活方式和生产方式。在AI绘画与视频创作领域，人工智能技术也被广泛应用，促进了艺术设计的快速发展。相较于传统的绘画与视频创作，即梦AI创作平台具有许多独有的优势和特点，下面进行简单讲解。

❶简易的操作过程：即梦AI提供了AI作图和AI视频生成功能，用户可以通过简单的指令或描述，即可快速生成图片和视频，这极大降低了创作门槛。图1-7为使用提示词"正面视图，以第一人称视角，C4D风格，OC渲染，3D立体充气的五朵花朵，糖果色，云，大小不一，花的花杆方向不一样，在草地上，

小花，春天的感觉，天空蓝色，明亮透气，自然的光效"生成的AI图片效果，这是在一分钟内生成的一张3D渲染的充气花朵图片。

图1-7 充气花朵图片

❷支持中文提示词：该平台支持使用中文提示词生成AI作品，这对于国内用户来说是一个显著优势，因为它能够更准确地理解和生成中文描述的内容。

❸多样化的创作工具：即梦AI不仅提供图片和视频的生成，还有"智能画布"功能，允许用户对本地电脑中的图片或AI生成的图片进行二次创作，提供了扩图、局部重绘、消除抠图、高清放大等功能。图1-8为使用智能画布对图片进行局部消除的效果，消除了图片中突兀的物体，使画面更加简洁、自然。

图1-8 使用智能画布对图片进行局部消除的效果

❹故事创作功能：即梦AI的"故事创作"模式支持一站式生成故事分镜、镜头组织管理、编辑等功能。用户可以轻松地将零碎的素材拼凑成创意故事并进

行高效创作，并且提供了本地上传、生图、生视频等多种素材上传功能，以及自由拖动调整素材顺序的能力，极大地增强了AI视频的创意和表现力，即梦AI的故事创作页面如图1-9所示。

图1-9 即梦AI的故事创作页面

❺高效的生成速度：根据用户反馈，即梦AI能够在短时间内生成视频，例如在2~3分钟内生成一个3 s的视频。

❻动态效果处理：即梦AI在处理动态效果方面表现出色，尤其是在生成动作幅度不大的视频时，效果自然流畅，如图1-10所示。

图1-10 视频流畅度效果展示

❼镜头类型和视频比例设置：平台提供多种镜头类型和视频比例设置，增加了创作的灵活性和多样性，如图1-11所示。

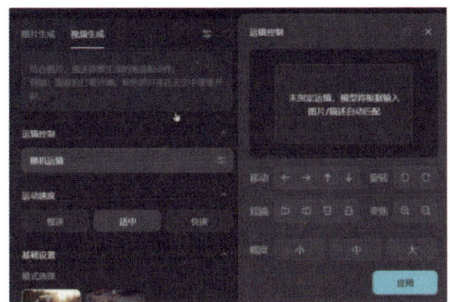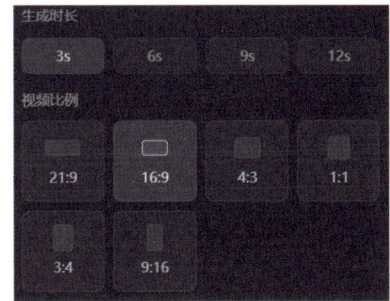

图 1-11　镜头类型和视频比例设置

❽社区互动：即梦AI拥有一个激发无限创作灵感的社区，用户可以在社区中互动和分享创作。

❾本土化和文化元素优化：即梦AI最新推出的通用v2.0模型更精准地描述词响应和多样的风格组合，模型极具想象力。

❿积分系统：即梦AI的"图片生成"和"视频生成"功能通过积分系统进行体验，用户每天可以领取随机数量的积分生成视频。图1-12为积分详情页面。

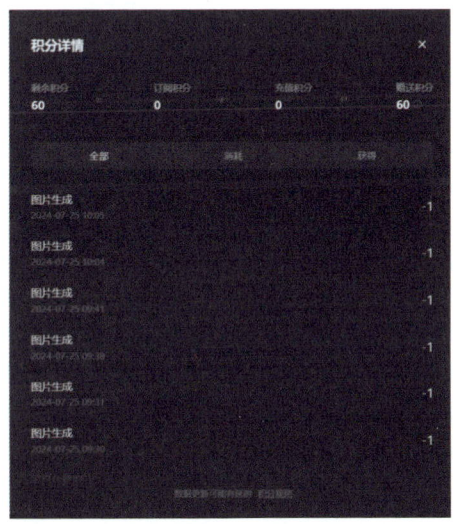

图 1-12　积分详情页面

这些优势和特点使得即梦AI成为一个有潜力的AI创作工具，适合初学者，更加适合自媒体创作者、设计师、市场营销人员、视频编辑者、艺术爱好者、产品开发者、旅游行业从业者等需要快速生成视觉内容的相关用户。

第 **2** 章

# 探索即梦 AI：
# 平台的奥秘

　　即梦AI平台通过将AI技术与创意结合，为用户提供了一个强大的工具，以较低的门槛实现个性化和专业化的创作。本章主要介绍即梦AI平台的基本操作，包括注册与登录即梦AI平台、认识即梦AI页面各功能，以及掌握即梦AI的核心功能，让大家对即梦AI平台的基本操作有所了解。

## 2.1 登录即梦AI：两种操作方法

使用即梦AI生成AI作品之前，首先需要打开即梦AI网站，并登录相关账号资料，才可以进行AI绘画。本节主要介绍登录即梦AI平台的两种操作方法。

### 2.1.1 扫码授权：抖音登录即梦AI

在即梦AI的登录页面中，如果用户有抖音账号，就可以打开手机中的抖音App，然后扫码授权登录即梦AI平台，具体操作步骤如下。

步骤1 在电脑中打开相应的浏览器，输入即梦AI的官方网址，打开官方网站，如图2-1所示。

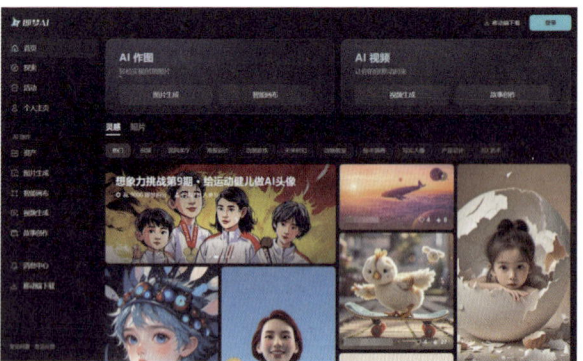

图2-1 打开官方网站

步骤2 在网页的右上角位置，单击"登录"按钮，进入相应页面，❶选中相关的协议复选框；❷单击"登录"按钮，如图2-2所示。

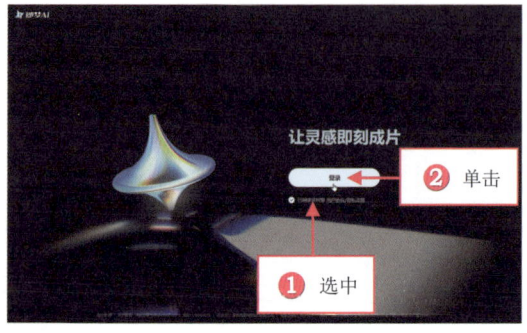

图2-2 单击"登录"按钮

步骤 3　弹出"抖音授权登录"窗口，进入"扫码授权"选项卡，打开手机上的抖音App，然后用手机扫描窗口中的二维码，如图2-3所示。

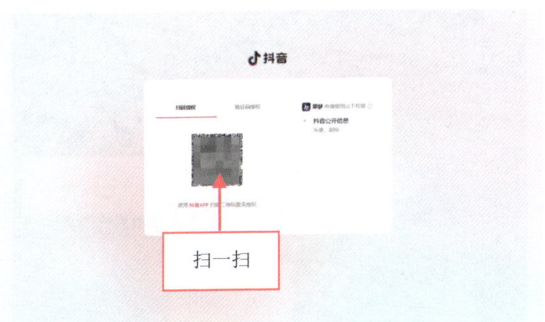

图 2-3　扫描窗口中的二维码

> **小贴士**
>
> 如果用户没有抖音账号，可以去手机的应用商店中下载抖音App，并通过手机号码注册、登录，然后打开抖音App页面，单击左上角的 ≡ 按钮，在弹出的列表框中点击"扫一扫"按钮，即可进入扫一扫页面。

步骤 4　执行操作后，在手机上同意授权，即可登录即梦AI账号，右上角显示了抖音账号的头像，表示登录成功，如图2-4所示。

图 2-4　右侧显示抖音账号的头像

## 2.1.2　验证码授权：手机号登录即梦AI

用户也可以使用手机号码验证授权登录即梦AI平台，具体操作步骤如下：

步骤 1　打开即梦AI官方网站,在网页的右上角位置单击"登录"按钮,进入相应页面,❶选中相关的协议复选框;❷单击"登录"按钮,如图2-5所示。

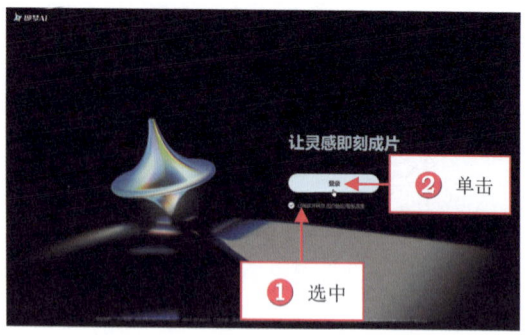

图 2-5　单击"登录"按钮

步骤 2　弹出"抖音授权登录"窗口,切换至"验证码授权"选项卡,选中"已阅读并同意用户协议与隐私政策"复选框,如图2-6所示,在上方输入手机号码与验证码,然后单击"抖音授权登录"按钮,即可登录即梦AI平台。

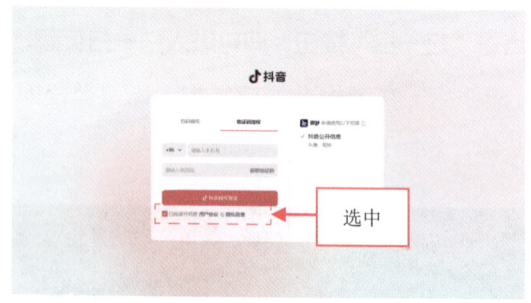

图 2-6　选中"已阅读并同意用户协议与隐私政策"复选框

## 2.2　了解即梦 AI:各大页面介绍

即梦AI不仅是一个名字,它代表了一个创新的概念,一种将艺术创作与人工智能技术结合的全新尝试。在这里,艺术不再受限于传统的界限,想象力和科技的结合让创作变得更加多元和自由。本节将为大家揭开即梦AI的神秘面纱,介绍即梦AI页面的常用功能,帮助大家学会利用AI的力量将自己的创意转化为视觉艺术作品。无论你是艺术家、设计师,还是对AI技术充满好奇的探索者,即梦AI都将为你提供一个展示创意的舞台。

## 2.2.1 功能页面：网站工具导航

即梦AI的功能页面为用户提供了一个无缝且友好的体验，无论你是资深艺术家还是初次尝试数字创作的新手，都可以通过即梦AI精心设计的功能页面，轻松导航和使用各种工具，将自己的创意转化为引人入胜的视觉作品。用户进入即梦AI平台后，首先会来到首页，基本页面可以分为以下几个部分，如图2-7所示。

图 2-7　即梦 AI 首页的基本页面

即梦AI首页的基本页面相关介绍如下。❶左侧导航栏：包括"探索""活动""个人主页""资产""图片生成""智能画布""视频生成""故事创作"等常用功能，这些功能共同为用户提供了一个一站式的AI创作平台，旨在降低用户的创作门槛。图2-8为"资产"页面。

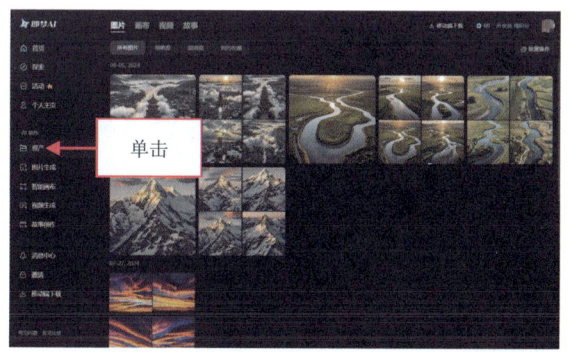

图 2-8　单击"资产"页面

❷功能区：包括"AI作图"和"AI视频"两大板块。此外，即梦AI还提供了一些辅助功能，比如图片参数设置、图片变超清、局部重绘和画面扩图等。其

17

中，"AI作图"选项区中包含"图片生成"和"智能画布"功能，可以轻松制作创意图像效果；"AI视频"选项区中包含"视频生成"和"故事创作"功能，可以让用户的创意动起来。

❸作品集：包括"灵感"和"短片"两个选项卡，用户可以在此查看他人的作品，并进行点赞♡、"做同款""关注""下载"和"分享链接"等互动，如图2-9所示。

图 2-9 查看他人的作品

## 2.2.2 社区探索：用户作品集合

在左侧导航栏中，单击"探索"按钮进入其页面，在此你将发现一个由广大用户精心创作的作品集合，包括丰富多彩的图片和动态视频作品，如图2-10所示。

图 2-10 "探索"页面

这里的每一幅作品都是创意与个性的展现，它们不仅呈现出作者的艺术视角，还反映出即梦AI平台上多样化的创作风格。同时，"探索"页面鼓励用户之间的互动，用户可以通过点赞或分享来表达对作品的喜爱和支持。

另外，"探索"页面还是发现流行趋势和热门话题的绝佳场所，让用户能够随时把握创作领域的最新动态。用户还可以通过单击相应的标签，筛选查看不同类型的作品。例如，单击"视频"标签，即可查看所有视频类作品，如图2-11所示。

图 2-11　查看所有视频类作品

总之，无论是寻找创作灵感，还是简单地享受视觉盛宴，"探索"页面都能满足用户的需求。让我们在探索中发现，在发现中创造，共同享受这场视觉与心灵的盛宴。

### 2.2.3　创作活动：激发用户潜能

在即梦AI平台的左侧导航栏中，单击"活动"按钮进入其页面，你将会发现一个充满活力和互动性的社区中心，如图2-12所示。"活动"页面汇集了即梦AI平台上正在进行的各种活动和挑战赛，旨在激发用户的创造力和参与度。

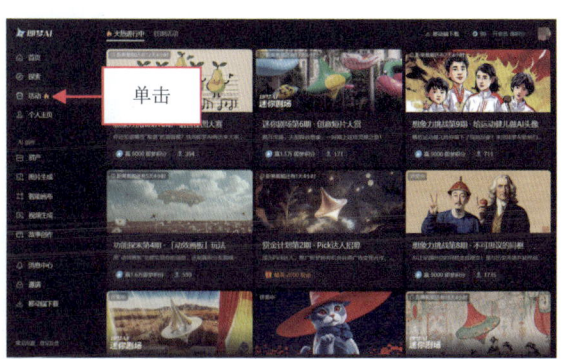

图 2-12　"活动"页面

"活动"页面中会不定期举行多样化的创作活动,每个活动都有其独特的主题和目标,吸引着不同兴趣和技能水平的用户参与。通过参与活动,用户之间可以相互学习,分享创作经验,建立联系。另外,许多活动还设有奖励机制,包括创意基金、虚拟奖品,甚至实物奖励等,以表彰用户的杰出作品和积极参与。

用户可以选择相应的活动,进入活动详情页面,单击"立即投稿"按钮,如图2-13所示,即可上传作品参加比赛,用户还可以查看活动流程和赛事详情。参与创作活动,不仅为用户提供了一个展示自我和作品的机会,也为用户带来了无限的乐趣和可能。

图 2-13 单击"立即投稿"按钮

另外,"活动"页面还是用户寻找创作灵感的绝佳场所,无论是跟随节日氛围创作节日主题作品,还是参与技术挑战赛提升个人技能,都能激发你的创意火花。在活动页面的下方,或者单击顶部的"往期活动"按钮,进入"往期活动"页面,可以查看获奖作品,让用户能够直接欣赏到其他参与者的创意和技艺,如图2-14所示。查看全部作品时可以按照提交时间、获赞数或官方推荐等标准进行排序,方便用户快速浏览和发现优秀作品。

图 2-14 活动参赛作品

## 2.2.4　个人主页：社交互动中心

在即梦AI平台的左侧导航栏中，单击"个人主页"按钮，进入其页面，在此可以查看账号信息，包括粉丝和关注等数据，以及分享链接、个人简介、已发布作品、点赞作品等，如图2-15所示。"个人主页"页面是用户社交互动的中心，你可以在这里轻松查看谁点赞了你的作品，谁成为了你的新粉丝，以及你与其他用户的互动情况。

图 2-15　"个人主页"页面

## 2.2.5　资产管理：查看所有作品

在即梦AI平台的左侧导航栏中，单击"资产"按钮进入其页面，在此可以查看用户在平台上创作的所有作品内容，包括图片、画布、视频和故事4种类型。例如，切换至"图片"选项卡，单击"超清图"标签，即可筛选出用户创作的所有超清图作品，如图2-16所示。

图 2-16　筛选出用户创作的所有超清图作品

单击相应的作品缩略图，可以预览作品效果，同时查看作品的生成参数，如描述词、生图模型、图片比例等信息，如图2-17所示。

图 2-17　预览作品效果

返回到"资产"页面，单击"批量操作"按钮，❶选择需要删除的图片；❷单击"删除"按钮，如图2-18所示，可以批量删除不满意的图片。

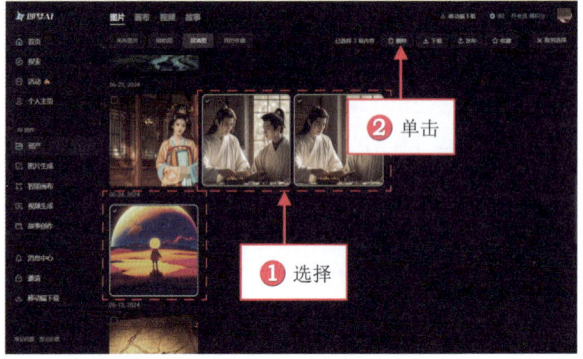

图 2-18　单击"删除"按钮

## 2.3 核心功能：创造无限可能

即梦AI是一个充满无限创意与可能性的AI艺术创作平台，即梦AI的核心功能围绕图片和视频创作展开，通过AI技术降低创作门槛，提升创作效率和个性化程度，为用户带来了全新的创作体验。同时，即梦AI还在不断探索和创新，以满足用户日益增长的创作需求。本章将深入探索即梦AI的六大核心功能，这些功能构成了平台的"基石"，为用户提供了强大的工具，让他们的艺术创作之旅更加顺畅和精彩。

## 2.3.1 文生图：文本转换成图像

文生图是一种利用人工智能技术生成图片的方法，它允许用户通过文字描述来生成图像。即梦AI的文生图功能特别适合那些能够用语言精确表达心中所想，却缺乏绘画技巧的用户。AI不仅能够理解文字的直接意义，还能够捕捉到其中的细微差别和情感色彩，创造出令人惊叹的图像，相关示例如图2-19所示。

图 2-19　即梦 AI 文生图的相关示例

即梦AI的文生图功能具有对用户友好的操作页面，它不仅降低了艺术创作的门槛，还为用户提供了无限的创意空间。文生图功能的主要特点如下。

❶文本到图像的转换：用户只需输入一段描述性的文本，即梦AI便能够理解其含义，并生成与之匹配的图像。

❷高自由度创作：无论是写意还是具体场景，文生图都能根据用户的描述进行创作，相关示例如图2-20所示。

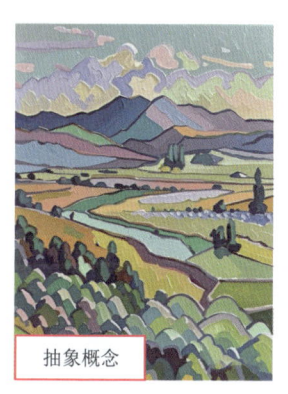

图 2-20　抽象概念与具体场景的相关示例

❸多样化的模型选择：用户可以根据需要选择不同的AI模型，以适应不同的创作风格和需求。

❹细节控制：通过调整描述词和各种参数，如生图模型、精细度、比例等，用户可以对生成的图像进行精细控制。

> **小贴士**
>
> AI绘画是利用人工智能技术进行图像生成的一种数字艺术形式，使用计算机生成的算法和模型来模拟人类艺术家的创作行为，自动化地生成各种类型的数字绘画作品，包括肖像画、风景画、抽象画等。
>
> 即梦AI的文生图功能具有吸收和模拟各类艺术家风格的能力，它能够将这些风格学以致用，创作出独具匠心的艺术作品。通过对生成器的系统训练，AI能够捕捉并再现特定的艺术特色，如凡高的《星夜》那种旋涡状的星空，或是毕加索作品中特有的几何化风格等。

## 2.3.2　图生图：生成相似风格图像

图生图是即梦AI的另一项强大功能，它使用户能够上传一张现有的图片作为参考，然后AI将基于这张图片的风格和内容生成新的图像，相关示例如图2-21所示。

图 2-21　即梦 AI 图生图的相关示例

图生图功能非常适合需要人量相似风格图像的设计师，或者想要探索同一主题下不同变体的艺术家。图生图功能通过深度学习算法，能够捕捉并复制原图的视觉元素，同时加入新的创意，生成独一无二的艺术作品。

### 2.3.3　智能画布：图像编辑工具

智能画布是即梦AI平台推出的一款智能图像编辑工具，它将交互式体验提升到了一个新的水平。智能画布具有高级的图像编辑功能，使用户能够轻松地抠图、重组，甚至是根据AI的描述词重新绘制图像，其功能页面如图2-22所示。

图 2-22　即梦 AI 智能画布的功能页面

用户可以通过简单的拖放动作，快速选择图像的特定部分进行编辑。无论是想要去除背景、更换图片场景，还是将多个图像元素融合在一起，智能画布功能都能够提供强大的支持。

### 2.3.4　文生视频：文本动态转换

即梦AI不仅支持图片生成，还提供视频生成功能，使用户能够将文字描述转换成视频，或利用图片作为基础生成视频内容。其中，文生视频（又称为文本生视频）功能将文生图的概念拓展到了动态视觉艺术领域，用户可以输入一系列描述性的语句，AI会将这些语句转化为一个视频片段，其功能页面如图2-23所示。

文生视频功能非常适合需要制作动态演示、故事叙述或广告内容的视频制作者。文生视频功能不仅能够根据文字描述生成静态图像，还能够智能地添加过渡效果和动画，让整个视频流畅且富有表现力，相关示例如图2-24所示。

图 2-23　即梦 AI 文生视频的功能页面

图 2-24　即梦 AI 文生视频的相关示例

## 2.3.5　图生视频：静态转化动态

图生视频（又称为图片生视频）功能允许用户上传一张或多张图片，AI将这些静态图像转化为一段视频，非常适合那些需要将静态作品做成视频集锦的用户，其功能页面如图2-25所示。

图 2-25　即梦 AI 图生视频的功能页面

同时，即梦AI还提供了多种镜头运动、视频比例和运动速度的选项，使用户可以根据创作需求定制视频效果，相关示例如图2-26所示。即梦AI在处理动态效果方面表现出色，无论是人物动作还是物体运动，都能生成自然流畅的视频。

图 2-26　即梦 AI 图生视频的相关示例

> **小贴士**
>
> 图生视频功能的核心在于应用深度学习和计算机视觉的原理。深度学习，作为人工智能的一个重要分支，模仿人脑的神经网络结构，通过机器学习算法对大量数据进行分析和学习。在视频生成领域，深度学习模型经过训练，能够预测视频序列中下一帧的像素分布，实现视频内容的连贯生成。
>
> 计算机视觉技术的加入，使得AI能够识别和处理图像内容，进一步增强了深度学习模型对视频内容的理解和生成能力。通过这些技术的结合，图生视频功能能够分析用户输入的图像，智能生成具有流畅动态效果的视频，为艺术创作和多媒体展示提供了新的可能性。

## 2.3.6　故事创作：拼凑出连贯作品

即梦AI的"故事创作"功能在定位、优点、特点与作用上都表现出了其独特的优势，为用户提供了高效、便捷、多样化的创作体验。"故事创作"功能为用户提供了一站式的故事内容创作工具，这一功能旨在通过结合图片、文字和AI技术，帮助用户轻松创作出连贯性强、内容丰富的故事作品。它特别适合设计师、营销人员、内容创作者、教育工作者，以及业余爱好者，尤其适合那些希望将零碎素材拼凑成创意故事的用户，其功能页面如图2-27所示。

图 2-27　即梦 AI 故事创作的功能页面

### 小贴士

"故事创作"功能支持图生视频、文生视频、文生图、图生图等多种创作方式，使得故事内容更加多样化。用户可以自由上传本地素材，包括图片、音频等，为故事创作提供更多可能性。并且支持在时间轨道上管理分镜画面，用户可以轻松调整素材顺序，预览故事成片效果。"故事创作"提供镜头放大、推远、旋转、水平移动、上下移动等多种运镜选择，以及正常、快速、慢速三种运动速度控制，让用户可以灵活编辑故事。

AI技术的加持确保了生成内容的质量，使得故事效果更加可控。通过AI技术的辅助，用户可以高效生成故事分镜、进行镜头组织管理、编辑等，大幅提升创作效率。AI技术能够生成连续性更强、更具故事性的视频，增强了用户的创作体验。

# 第 3 章
## AI 创作：掌握工具

即梦AI平台通过将AI技术与创意结合，为用户提供了一个强大的工具，以较低的门槛实现个性化和专业化的创作。本章主要介绍即梦AI的作画特点和平台的基本操作，包括4种AI作画技术特点、确定创作主题、生成AI提示词、生成AI作品、修改提示词及提升作品质感等内容，帮助大家更好地了解即梦AI，为后面的学习奠定良好的基础。

## 3.1 AI作画：技术特点

AI具有快速、高效、自动化等特点，它的技术特点主要在于能够利用人工智能技术和算法对图像进行处理和创作，实现艺术风格的融合和变换，提升用户的绘画创作体验。AI绘画的技术特点包括以下几个方面。

### 3.1.1 高度逼真：创作艺术作品

即梦AI生图技术主要利用了生成式人工智能中的深度学习技术，特别是GANs等生成模型及自然语言处理（natural language processing，NLP）等技术。同时，即梦AI还结合了多模态融合和智能编辑优化等先进技术，为用户提供高质量的图像生成和编辑体验。使用即梦AI的文生图功能创作的艺术作品效果如图3-1所示。

图3-1 使用文生图功能创作的艺术作品

### 3.1.2 艺术创新：快速变换风格

AI绘画利用卷积神经网络等技术可以将一张图像的风格转换成另一张图像的风格，从而实现多种艺术风格的融合和变换。图3-2为使用即梦AI绘画创作的小刺猬，左图为摄影风格，右图为毛毡风格。

图 3-2 使用即梦 AI 创作不同风格的画作

## 3.1.3 自适应着色：快速填充色彩

AI绘画利用图像分割、颜色填充等技术，可以让计算机自动为线稿或黑白图像添加颜色和纹理，从而实现图像的自动着色。使用即梦AI自动填色生成的图像效果如图3-3所示。

图 3-3 使用即梦 AI 为图像着色

## 3.1.4 图像增强：生成高分辨率

AI绘画利用超分辨率、去噪等技术，可以大幅提高图像的清晰度和质量，使得艺术作品更加逼真、精细。

超分辨率技术是通过硬件或软件的方法提高原有图像的分辨率，通过一系列低分辨率的图像来得到一幅高分辨率的图像过程就是超分辨率重建。

去噪技术是通信工程术语，是一种从信号中去除噪声的技术。图像去噪就是去除图像中的噪声，从而恢复真实的图像效果。

HD（high definition）在即梦AI中指的是超清图，即高清晰度。这个术语用来描述图像的分辨率，它比标准清晰度（standard definition，SD）的分辨率要高，高清晰度图像提供了更多的细节和更清晰的视觉效果。

具体来说，HD图像通常指的是以下几种分辨率。

❶ 720p：水平分辨率为1 280像素，垂直分辨率为720像素，p代表逐行扫描（progressive scan）。

❷ 1 080p：水平分辨率为1 920像素，垂直分辨率为1 080像素，也是逐行扫描。

这些分辨率标准通常用于电视、电影、视频游戏和计算机显示器等，以提供更高质量的视觉体验。随着技术的发展，现在还有更高的分辨率标准，如超高清（ultra high definition，UHD），包括4K、8K等，它们提供了比HD更高的图像清晰度和细节。

以3∶4的竖图为例，即梦AI生成的图像分辨率为768×1 024，即宽度为768像素，高度为1 024像素，如图3-4所示。而超清图的分辨率达到了1 536×2 048，如图3-5所示，也就是说将初次生成的图像放大了两倍，细节会更加清晰。

图 3-4　默认效果图的分辨率　　　　图 3-5　超清图的分辨率

### 小贴士

下面介绍下载图片后查看图片分辨率的大致操作：

在图片上右击，在弹出的快捷菜单中选择"属性"选项，弹出"属性"对话框，切换至"详细信息"选项卡，在其中即可查看所选图片的分辨率。图3-6为默认效果图3∶4比例的分辨率，图3-7为超清图3∶4比例的分辨率。

图 3-6　默认效果图 3∶4 比例的分辨率　　图 3-7　超清图 3∶4 比例的分辨率

## 3.2　掌握即梦 AI：基础操作

即梦AI可以生成AI图片和AI视频，两者的操作流程类似。本节以生成AI图片的操作流程为例进行讲解，主要包括确定创作主题、生成AI提示词、生成AI作品、修改提示词、提升作品质感等五个方面，构成了即梦AI的基本流程。通过用户的输入和指导，以及AI模型的算法和数据处理，即梦AI可以生成具有独特风格和效果的照片，从而拓展了创作的可能性和创意空间。

下面以图3-8所示的作品为例，介绍即梦AI生成AI图片的操作流程。

图 3-8　AI 图片效果

> 💡 **小贴士**
>
> 这是一张展示自然与未来科技建筑相结合的图片。图片中，建筑在日光的照耀下显得宁静而壮观，周围的植物点缀着建筑，为整个场景增添了一些活力。图片被植物切割成不同的层次，增添了画面的层次感和立体感。与此同时，未来科技建筑与自然植被的完美融合，是图片中的一大亮点，这些植物生机勃勃，与建筑相辅相成，互相成就，不仅展现了未来科技与自然环境的和谐共生，人类对于科技进步的渴望和对于自然环境的尊重，更反映了人类对于可持续发展、环境保护及生活质量提升的共同追求。这种结合将为人类带来更加美好、健康、和谐的未来。

## 3.2.1 结合实际：确定创作主题

使用即梦AI进行AI绘画与视频创作之前，我们首先需要确定AI作品所要表达的主题、情感或意图，AI作品的主题可以是抽象的，也可以是具体的，可以是情感、风景、花卉、人物、抽象艺术等各种类型。

例如，想要生成一系列具有未来科幻感的图像或视频，或者想要表达对自然环境的尊重和向往，或者想要生成抽象艺术作品等，在确定主题内容时，我们需要考虑到自己的创作目的、观众的需求和期望，以及即梦AI的创作能力等。

这里以一张建筑的照片为主题，展示了未来科技的进步、审美的变化及植物的种类等，通过这些元素的组合，展现了人类科技的进步、人与自然的和谐共生，同时也勾勒出了一幅未来生活与自然美景交织的温馨画卷。这个主题是自然界中的一个非常具体且视觉上吸引人的对象。

## 3.2.2 借用工具：生成AI提示词

一旦确定了主题内容，我们就可以开始确定照片的提示词内容，以引导即梦AI生成符合主题内容的图像，这些提示词涉及情感、色彩、构图、风格等方面，以帮助即梦AI更好地理解用户的意图和创意，从而生成具有特定主题和情感的照片。

关于提示词的内容，我们可以根据自己的实际需求组织、编写出来，还可以通过ChatGPT、文心一言、Kimi、秘塔等AI工具生成符合主题内容的提示词，相关指令和回复内容如下。

🎤 提问

我需要使用即梦AI创作一张建筑的照片，展示了未来科技的进步、审美的变化以及植物的种类等，通过这些元素的组合，展现了人类科技的进步、人与自然的和谐共生，同时也勾勒出了一幅未来生活与自然美景交织的温馨画卷，请根据我的要求，给出相应的提示词，限50字以内。

🤖 Kimi

"未来派建筑，科技感造型，生态植物环绕，展现科技进步与自然和谐，构图精美，色彩丰富。"

### 3.2.3 输入提示词：生成AI作品

基于我们输入的提示词和指导，即梦AI开始生成相应的图像，这涉及使用机器学习和深度学习算法来处理图像，以生成具有特定风格和效果的照片，生成的AI绘画作品会受到用户输入的影响，但同时也受到算法和数据的影响。

图3-9为在即梦AI中输入相应的提示词，设置图片的比例为16∶9，单击"立即生成"按钮，生成了4张符合要求的AI绘画作品。

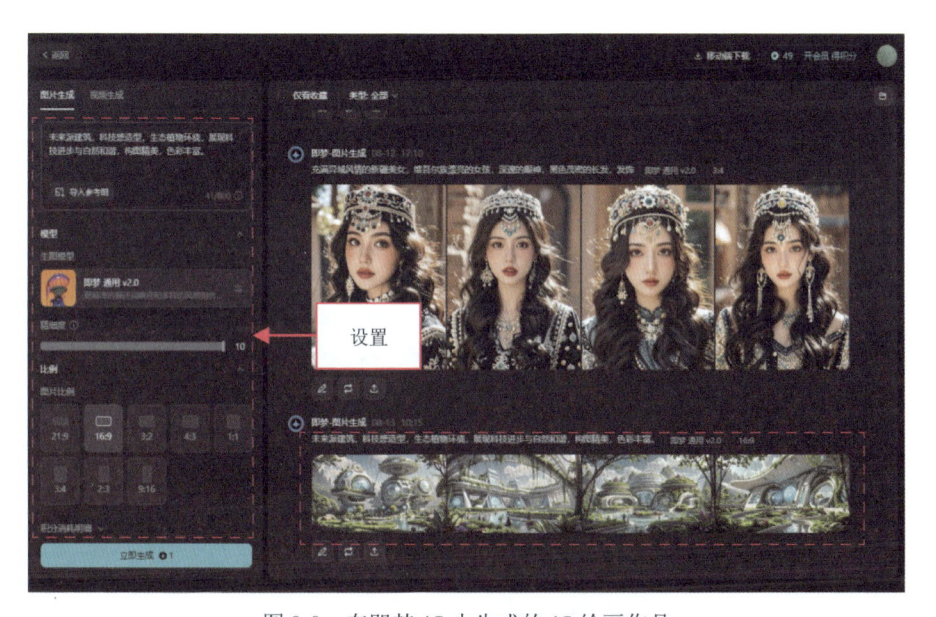

图 3-9　在即梦 AI 中生成的 AI 绘画作品

在生成的图片中，单击相应的AI图片，可以放大预览图片效果，如图3-10所示。

图 3-10　放大预览图片效果

## 3.2.4　调整AI作品：修改提示词

当即梦AI根据提示词内容生成相应的AI绘画作品后，如果我们对作品不满意，此时可以通过修改提示词的内容，对作品进行进一步的调整和修改，包括调整照片的色彩、对比度、曝光、构图等方面的参数，以满足特定的创作需求和审美标准。

图3-11为在即梦AI中重新输入相应的提示词，生成的AI超清图作品。

图 3-11　重新生成的 AI 作品

## 3.2.5　后期处理：提升作品质感

当即梦AI生成理想的作品后，我们可以对AI作品进行后期处理，使作品更加丰富和引人注目，进一步加强了作品的质感和表现力，包括调整照片的色调、修饰细节、添加滤镜等，可以使图片更加符合人们的审美需求，同时也能够更好地传达图片的主题和情感。后期处理在提升图片质量、美感和表现力方面发挥着重要作用。图3-12为在Photoshop的Camera Raw中进行后期调整，以增强作品的质感。

图 3-12　在 Camera Raw 中增强作品的质感

生成图片之后，后期处理图片的作用是多方面的，旨在进一步提升图片的质量、美感和表现力。通过调整图片的色相、饱和度、亮度等属性，可以使图片的色彩更加鲜艳、生动，或者达到特定的色彩效果，如复古、黑白、冷暖色调等，以符合图片的主题或情感表达。

对图片的光影进行处理，可以改善图片的曝光、对比度、高光和阴影等，使图片的层次感更加丰富，细节更加清晰。合理的光影调整可以突出图片的主体，营造出更加立体和真实的视觉效果。

通过锐化、降噪等处理技术，可以增强图片的细节表现力，使图像更加清晰、细腻。锐化处理可以突出边缘，使图像看起来更加锐利；降噪处理则可以去除图像中的噪点，提高画质。

### 小贴士

后期处理不仅限于对图片进行简单的调整和优化，还可以通过添加滤镜、特效、文字等元素，为图片增添创意和表现力。这些元素可以帮助观众更好地理解图片的主题和情感，同时增加图片的趣味性和吸引力。

37

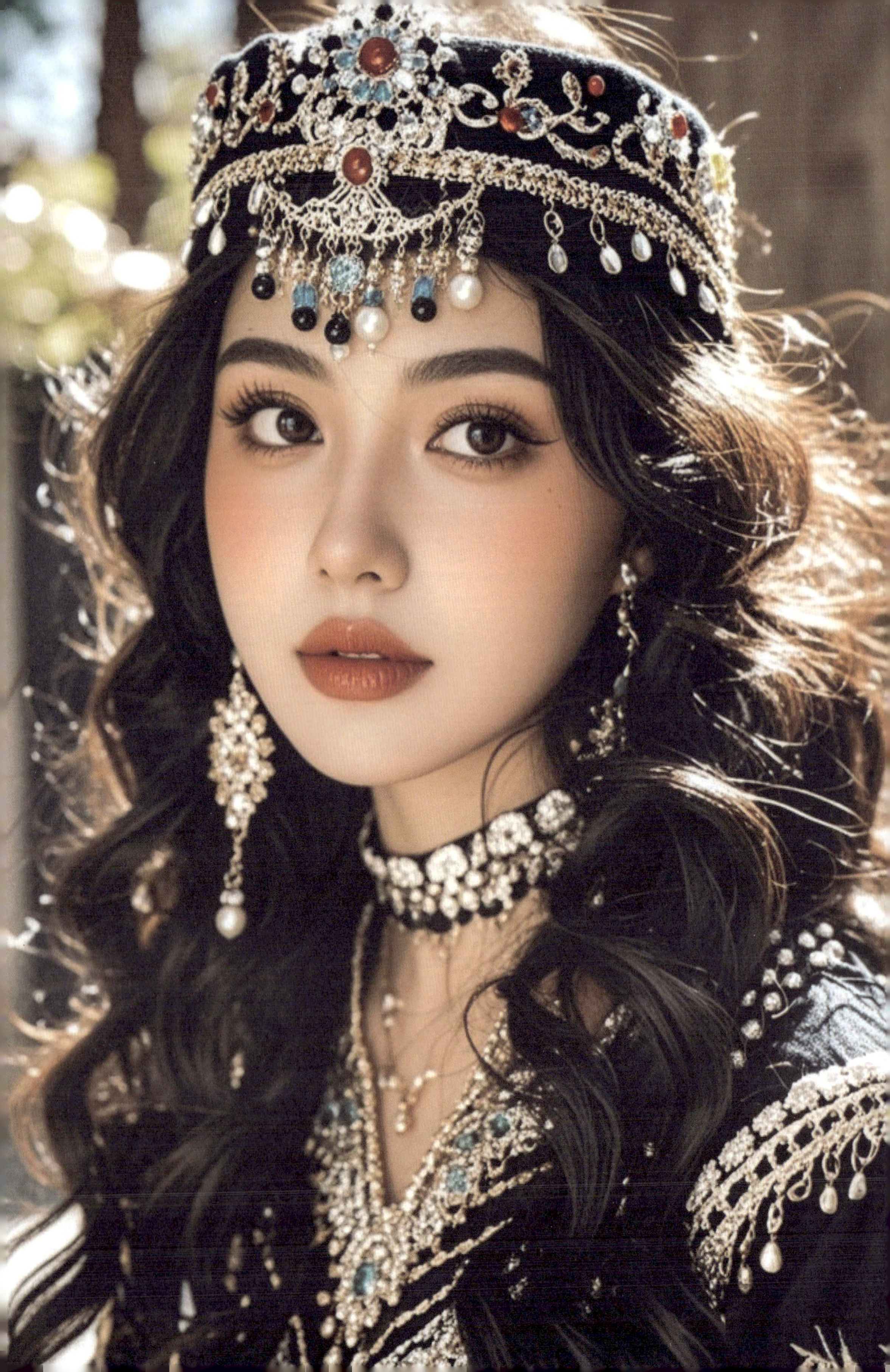

进阶篇

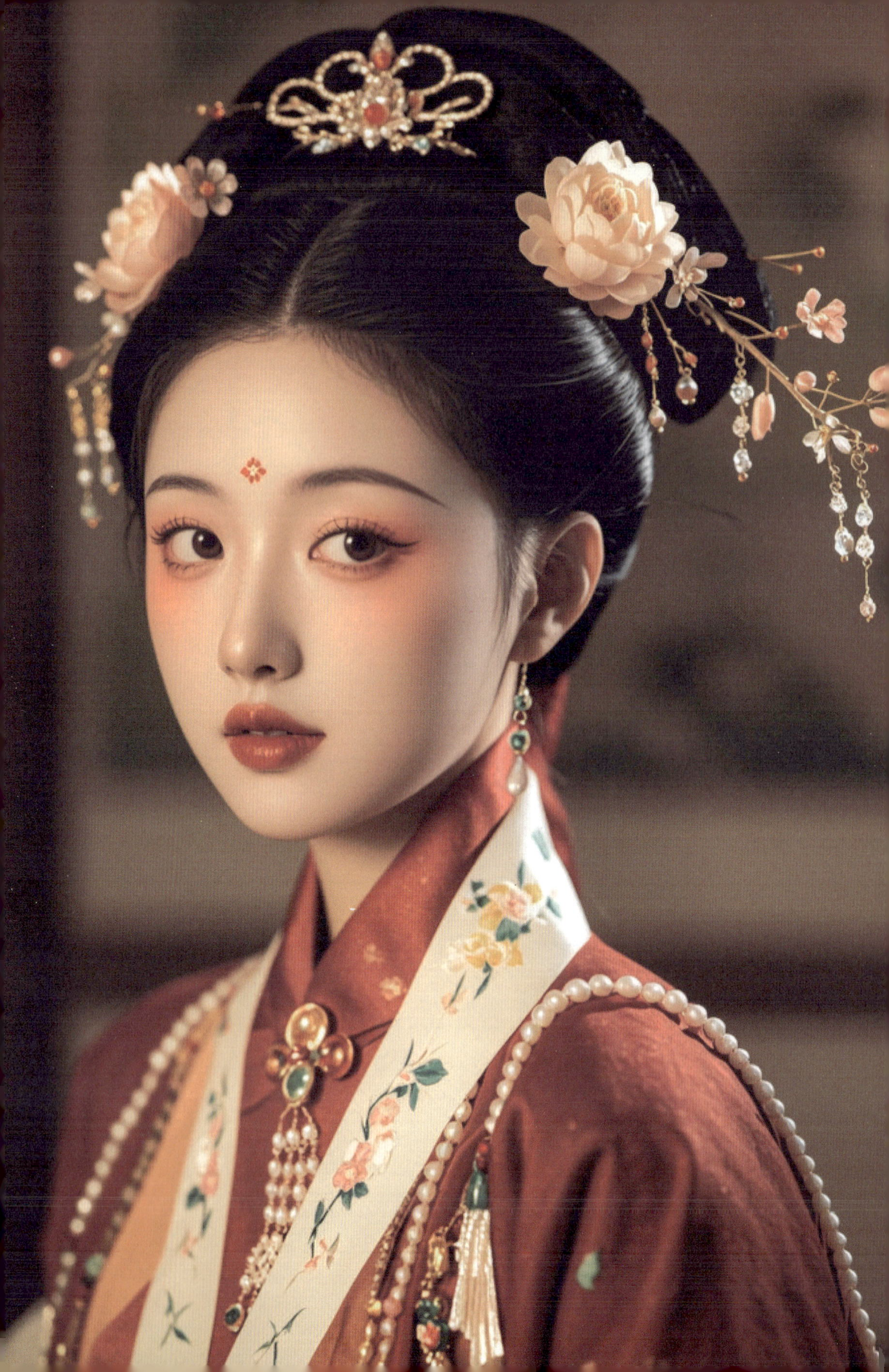

# 第 4 章
# 以文生图：一语成画

本章主要介绍如何使用即梦AI将抽象的文字描述转化为具体的艺术图像。通过精心挑选的提示词和细致的参数调整，用户可以引导AI理解自己的意图，并生成符合用户愿景的绘画作品。通过AI的辅助，即使是没有深厚绘画功底的用户，也能实现心中所想，创作出令人惊叹的图像艺术。

## 4.1 以文生图：进行 AI 绘画

即梦AI强大的图像生成能力让许多人对这个领域充满无限遐想，特别是它的文生图功能，只需要通过简单的文本描述，即可生成精美、生动的图像效果，这为大家的创作提供了极大的便利。本节主要介绍了在文生图中输入提示词、设置精细度、改变比例、再次生成、重新生成及做同款的具体操作步骤。

### 4.1.1 输入文本：一键生成画作

以文生图是即梦AI"AI作图"功能中的一种绘图模式，它可以通过选择不同的模型、填写提示词（通常称为提示词）和设置参数来生成我们想要的图像，效果如图4-1所示。

图 4-1 效果展示

下面介绍在即梦AI中输入提示词生成图像的操作方法。

步骤 1 进入即梦AI官网首页，在"AI作图"选项区中单击"图片生成"按钮，如图4-2所示。

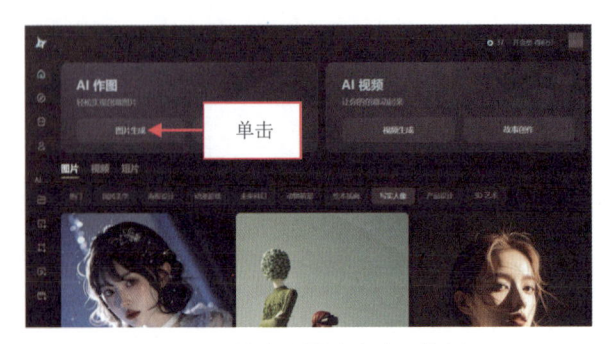

图 4-2 单击"图片生成"按钮

步骤 2　执行操作后，进入"图片生成"页面，输入相应的提示词，用于指导AI生成特定的图像，如图4-3所示。

图 4-3　输入相应的提示词

步骤 3　单击"立即生成"按钮，即可生成4张图片，效果如图4-4所示，单击相应的图片，可以放大查看图片的效果。

图 4-4　生成 4 张图片效果

### 小贴士

值得注意的是，尽管使用了完全相同的提示词、模型和生成参数，AI每次生成的图像效果仍会有差异，这种差异性赋予了艺术创作无尽的潜力和新鲜感。这种差异性源于AI模型的随机性，即使在相同的条件下，AI也会以不同的方式解释和执行指令，从而产生独特的图像。

## 4.1.2　设置参数：提升画面精细度

在"图片生成"功能中，精细度是一个关键的生成参数，它直接影响到最终图像的清晰度和细节丰富度。通过增加精细度数值，AI可以生成细节更丰富、更清晰的图像，从而提供更逼真和细致的视觉效果，但这种高质量的生成过程需

43

要更多地计算资源和时间。图4-5为不同精细度参数生成的图像效果对比。

图 4-5　效果对比

下面介绍在即梦AI中设置参数提升画面精细度的操作方法。

步骤 1　进入"图片生成"页面，输入相应的提示词，用于指导AI生成特定的图像，如图4-6所示。

步骤 2　单击"模型"选项右侧的 按钮，展开"模型"选项区，设置"精细度"为1，如图4-7所示。较低的精细度意味着AI在渲染图像时所需的计算资源减少，这在硬件资源受限的情况下尤其有用。

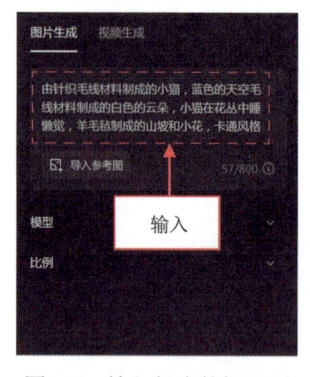

图 4-6　输入相应的提示词　　图 4-7　设置"精细度"为1

### 小贴士

"精细度"的提高，意味着AI需要在图像的每个像素上进行更复杂的计算，这包括颜色的渐变、纹理的生成、光影效果的处理等。因此，随着精细度的增加，图像的生成时间也会相应延长。用户在追求高质量图像的同时，需要权衡生成时间和计算成本。

此外，精细度的设置也与AI模型的复杂性有关。一些高级的AI模型能够处理更高精细度的参数，生成更加细腻和逼真的图像，但同时也需要更长的处理时间。因此，用户在选择AI模型时，也需要考虑到生成时间和图像质量之间的平衡。

步骤 3　单击"立即生成"按钮，生成相应的图像效果，可以看到，较低的精细度会导致生成的图像细节减少，一些细微的纹理和色彩渐变可能不会被充分展现，如图4-8所示。

图 4-8　低精细度生成的图像效果

步骤 4　设置"精细度"为10，单击"立即生成"按钮，生成相应的图像效果，可以看到，图像的细节会更加丰富和清晰，同时，物体表面的纹理和材质看起来也会更加真实和细腻，如图4-9所示。

图 4-9　高精细度生成的图像效果

## 4.1.3　设置比例：控制图片尺寸

不同的平台和设备（如手机、平板、电脑、社交媒体平台等）对图片的比例和尺寸有不同的要求。通过更改图片的比例尺寸，可以确保图片在不同平台上显示时都能保持最佳的视觉效果，避免因比例失调或尺寸过大（过小）而导致出现显示问题。用户可以更加灵活地控制图片的呈现效果，从而创作出更具个性和创意的作品，用21∶9比例生成的效果如图4-10所示。

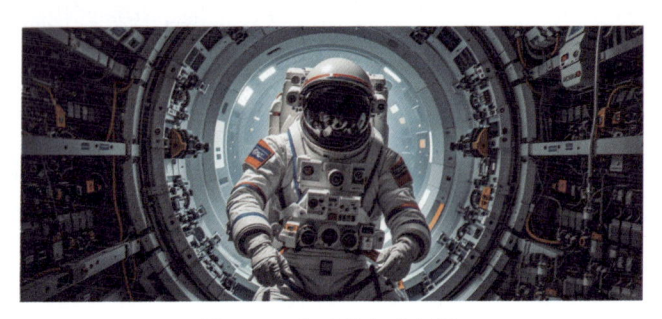

图 4-10　生成的相应效果

下面介绍在即梦AI中设置比例来控制图片尺寸的操作方法。

步骤1　进入"图片生成"页面，输入相应的提示词，用于指导AI生成特定的图像，如图4-11所示。

步骤2　在"比例"选项区中选择21∶9选项，如图4-12所示。

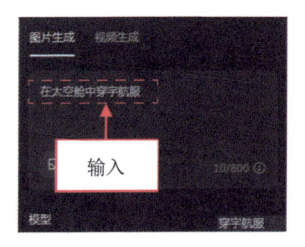

图 4-11　输入相应的提示词　　　　图 4-12　选择 21∶9 选项

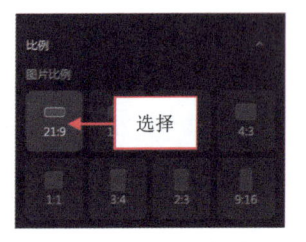

步骤3　单击"立即生成"按钮，即可生成相应比例的图像，效果如图4-13所示，单击相应图片的缩略图，即可预览大图效果。

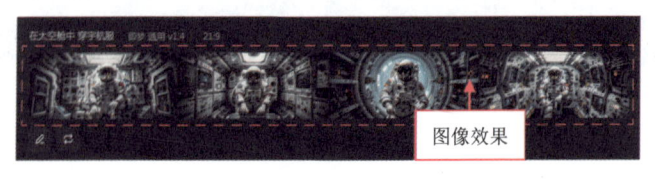

图 4-13　生成相应比例的图像效果

## 4.1.4　再次生成：重新生成图像

即梦AI提供了对用户友好的操作选项，允许用户对生成的图像效果进行多次尝试和调整。若用户对AI初始生成的图像效果不甚满意，可以单击"再次生成"按钮⇄，以重新创建另一组图像效果，如图4-14所示。

图 4-14　效果展示

下面介绍在即梦AI中再次生成新的图像的操作方法。

步骤 1　进入"图片生成"页面，输入相应的提示词，单击"立即生成"按钮，即可生成相应的图像效果，单击图像下方的⇄按钮，如图4-15所示。

图 4-15　单击相应按钮

步骤 2　执行操作后，即可重新生成一组图像，效果如图4-16所示。

图 4-16　重新生成一组图像效果

## 4.1.5　重新编辑：调整生图参数

若用户对AI生成的图像效果感到不满意，可以单击"重新编辑"按钮，对提示词和生成参数进行适当调整，以获得更符合预期的图像，效果对比如图4-17所示。

编辑前　　　编辑后

图 4-17　效果对比

下面介绍在即梦AI中调整生图参数重新生成图像的操作方法。

步骤 1　进入"图片生成"页面，输入相应的提示词，单击"立即生成"按钮，即可生成相应的图像效果，单击图像左下方的"重新编辑"按钮，如图4-18所示。

图 4-18　单击"重新编辑"按钮

步骤 2　执行操作后，❶在提示词中添加一段文字更改背景；❷并设置"比例"为3∶4，改变图片的背景效果和比例大小，如图4-19所示。

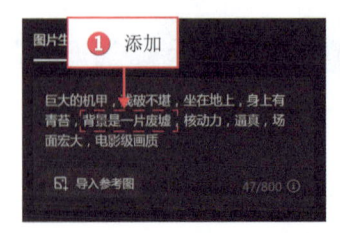

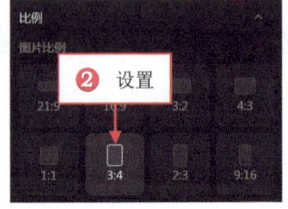

图 4-19　修改提示词和比例

步骤 3　单击"立即生成"按钮，再次生成相应的图像效果，画面的背景和比例都会相应改变，如图4-20所示。

图 4-20　生成相应的图像效果

## 4.1.6　一键生成：做同款图像

即梦AI平台的首页不仅是一个展示区，更是一个互动和灵感激发的空间，这里汇集了其他用户创作的多样化艺术作品，每件作品都详细列出了创作时所用的提示词和生成参数，为其他用户提供了透明度和可学习性。当用户发现自己喜爱的作品时，只需单击"做同款"按钮，便能迅速制作出风格相似的图像，效果如图4-21所示。

图 4-21　效果展示

下面介绍在即梦AI中一键生成同款图像的操作方法。

步骤 1　在即梦AI官网首页的"灵感"选项卡中选择相应的AI绘画作品，单击所选图片下方的"做同款"按钮，如图4-22所示。

步骤 2　执行操作后，页面右侧会弹出"图片生成"窗口，在此可以查看AI绘画作品的提示词和生成参数，单击"立即生成"按钮，如图4-23所示。

图 4-22　单击"做同款"按钮　　　图 4-23　单击"立即生成"按钮

步骤 3　执行操作后，即可使用相同的提示词和生成参数，生成类似的图像，效果如图4-24所示。

图 4-24　生成类似的图像效果

## 4.2 提升美感：打造专业效果

在即梦AI平台中生成AI图片时，我们可以添加相应的关键词来对图像的整体效果进行调整优化，以获得最佳的画面效果。本节主要介绍在即梦AI平台中使用相应提示词和参数指令，打造专业的AI图片效果的方法。

### 4.2.1　突出主体：表现画面元素

主体是构成图像的重要组成部分，是引导观众视线和表现画面主题的关键元素。主体可以是人物、风景、物体等任何具有视觉吸引力的事物，同时需要在构图中得到突出，与背景形成明显的对比，使其更加突出，效果如图4-25所示。

图 4-25 效果欣赏

下面介绍在即梦AI中突出主体表现画面元素的操作方法。

步骤 1　进入"图片生成"页面,输入相应的提示词,用于指导AI生成特定的图像,如图4-26所示。

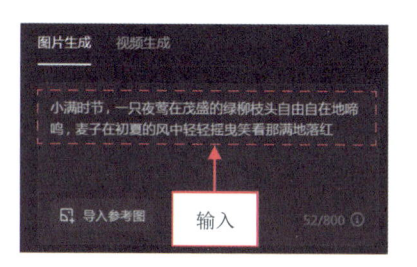

图 4-26　输入相应的提示词

步骤 2　单击"立即生成"按钮,即可生成相应的图像,画面主体为一只可爱的夜莺,效果如图4-27所示。

图 4-27　生成相应的图像效果

## 4.2.2 合理构图:展现画面美感

在AI绘画中,构图方式相关的提示词是用来指导AI生成图像时遵循特定的

51

视觉布局和结构的词汇或短语。构图是艺术作品中安排视觉元素的方法，它影响着作品的整体效果和观众的视觉体验，会影响作品的稳定性和动态感。

例如，对称构图是指将主体对象平分成两个或多个相等的部分，在画面中形成左右对称、上下对称或者对角线对称等不同形式，从而产生一种平衡的画面效果，如图4-28所示。

图 4-28　效果欣赏

下面介绍在即梦AI中合理利用构图展现画面美感的操作方法。

步骤 1　进入"图片生成"页面，输入相应的提示词，明确指出"对称结构"，这有助于AI识别并模仿相应的构图方式，如图4-29所示。

步骤 2　单击"比例"右侧的 按钮，展开"比例"选项区，选择16∶9选项，如图4-30所示。

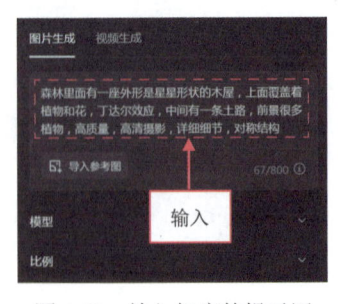

图 4-29　输入相应的提示词　　图 4-30　选择 16∶9 选项

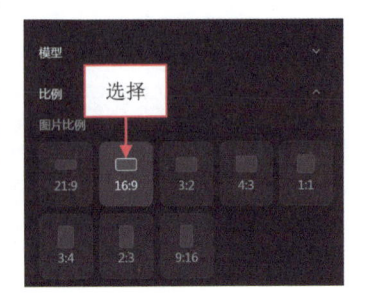

步骤 3　单击"立即生成"按钮，即可生成相应构图方式的图像，画面创造出了一种平衡和谐的视觉效果，如图4-31所示。

图 4-31　生成相应构图方式的图像效果

> **小贴士**
>
> 构图方式提示词可以影响图像中的空间感，如"深远透视"或"平面构成"，可以创造出深度感或强调二维效果。不同的构图方式能够传达不同的情感，如"紧凑构图"可能传达紧张感，而"开放构图"可能带来宁静和自由的感觉。另外，在需要讲述故事或传达特定信息的AI绘画作品中，构图提示词可以帮助用户构建图像的叙事结构。

## 4.2.3　出图品质：展现专业级画质

品质参数提示词在AI绘画中的作用是帮助用户传达他们对最终图像质量的具体要求，确保AI生成的图像在视觉上满足高标准，技术上达到专业水平，并符合用户的特定需求。通过品质参数提示词，用户可以更精确地控制AI绘画的结果，实现个性化和高质量的艺术创作，效果如图4-32所示。下面介绍在即梦AI中生成专业级画质的操作方法。

图 4-32　效果欣赏

步骤 1 进入"图片生成"页面,输入相应的提示词,如图4-33所示。

步骤 2 分别展开"模型"和"比例"选项区,❶设置"精细度"参数为8;❷"图片比例"为3:4,如图4-34所示。

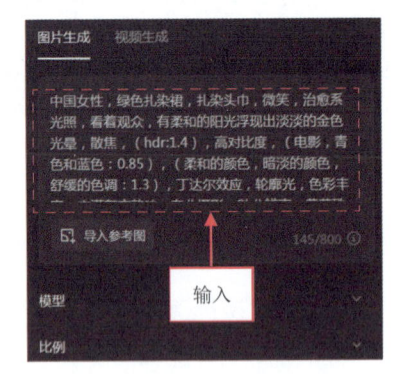

图 4-33 输入相应的提示词

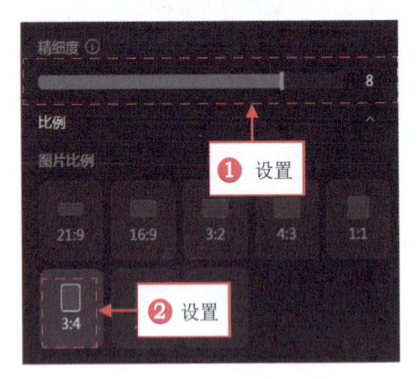

图 4-34 设置相应参数

步骤 3 单击"立即生成"按钮,AI即可生成相应的图像效果,效果如图4-35所示。

图 4-35 生成相应的图像效果

# 第 5 章

## 以图生图：妙图生花

即梦AI的以图生图功能大幅强化了AI的图像生成控制能力和出图质量，用户可以让AI散发出更加个性化的创作风格，生产出富有创意的数字艺术画作。本章将重点介绍即梦AI的以图生图AI绘画技巧，让你在创造独特的艺术画作时获得更多的灵感。

## 5.1 生图技术：参考图片风格

在即梦AI平台中，以图生图技术允许用户上传一张参考图片，然后AI会基于这张图片的内容和风格来生成新的图像，这种技术结合了图像识别和风格迁移的算法，可以创造出与参考图在视觉风格上相似，但在内容上有所变化或创新的图像。本节主要介绍在即梦AI平台中通过参考图片生成不同效果的操作方法。

### 5.1.1 参考角色：保留人物形象

在即梦AI的"参考图"功能中，可以参考图片主体来生成AI图片。AI首先会识别参考图片中的主要对象或视觉焦点，包括人物、动物或物体等，然后分析参考图片的风格和视觉特征，在生成新图片时，AI会尝试保持参考图片中的角色形象不变，同时对背景、动作或其他元素进行变化，原图与效果对比如图5-1所示。

图 5-1 原图与效果对比

下面介绍在即梦AI中参考角色形象生成图片的操作方法。

步骤 1 进入"图片生成"页面，单击"导入参考图"按钮，如图5-2所示。

步骤 2 执行操作后，弹出"打开"对话框，选择需要上传的参考图，如图5-3所示。

步骤 3 单击"打开"按钮，弹出"参考图"对话框，如图5-4所示。

步骤 4 选中"角色特征"单选按钮，如图5-5所示，此时AI会自动识别参考图中的角色特征。

图 5-2　单击"导入参考图"按钮

图 5-3　选择需要上传的参考图

图 5-4　弹出"参考图"对话框

图 5-5　选中"角色特征"单选按钮

步骤 5　单击"保存"按钮，返回"图片生成"页面，输入框中显示了已上传的参考图，输入相应的提示词，如图5-6所示，指导AI生成特定的图像。

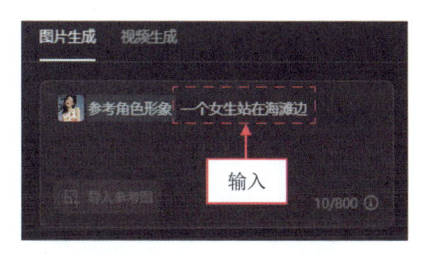

图 5-6　输入相应的提示词

步骤 6　单击"立即生成"按钮，即可生成4幅相应的AI图片，如图5-7所示，通过生成的图片可以看出，AI从参考图中提取了角色形象，并应用到了新生成的图片中，创建出了在视觉上与角色相协调的背景图像。

第 5 章　以图生图：妙图生花

57

图5-7　生成4幅相应的AI图片

> **小贴士**
>
> 通过参考图生成AI图片时，AI模型主要基于深度学习算法，尤其是卷积神经网络，它们能够理解和模拟复杂的图像特征。用户可以通过多次单击"立即生成"按钮，获得同一主体内容但风格略有差异的多个图像版本。

## 5.1.2　参考轮廓：描绘物体外形

在即梦AI的"参考图"功能中，可以参考图片的边缘轮廓来生成AI图片，这种AI技术特别关注物体或场景的外形和边界，使用AI来识别和复制这些轮廓，然后在此基础上生成具有相似轮廓特征的新图片，原图与效果对比如图5-8所示。

下面介绍在即梦AI中参考边缘轮廓生成图片的操作方法。

图5-8　原图与效果对比

步骤 1　进入"图片生成"页面，单击"导入参考图"按钮，弹出"打开"对话框，选择需要上传的参考图，如图5-9所示。

步骤 2　单击"打开"按钮，弹出"参考图"对话框，选中"边缘轮廓"单选按钮，如图5-10所示，此时AI会自动识别参考图中的边缘轮廓。

图 5-9　选择需要上传的参考图

图 5-10　选中"边缘轮廓"单选按钮

步骤 3　单击"保存"按钮，返回"图片生成"页面，❶输入相应的提示词；❷设置生图模型，如图5-11所示，指导AI生成理想的图片效果。

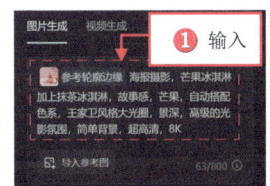

图 5-11　设置生图模型

步骤 4　单击"立即生成"按钮，即可生成4幅相应的AI图片，如图5-12所示，通过生成的图片可以看出，AI从参考图片中提取了对象的边缘轮廓，并应用到了新图片的生成过程中，创建出了一系列具有相同边缘轮廓但主体、背景等不同的图片。

图 5-12　生成 4 幅相应的 AI 图片

> 小贴士

通过"边缘轮廓"功能以图生图时，AI首先需要分析图片中的物体轮廓，识别出边缘的走向和形状，通常基于图像处理和机器学习技术，使AI模型能够理解和模拟复杂的轮廓特征。在生图过程中，虽然对象的边缘轮廓保持一致，但AI在轮廓内部填充了新的内容或图案，以提供创新的视觉元素，这种技术可以应用于艺术创作、设计原型、广告制作等多种场景。

## 5.1.3 参考景深：识别视觉焦点

在即梦AI的"参考图"功能中，可以参考图片的景深效果来生成AI图片，将视觉上最为清晰的部分，应用到新的场景或图像中，创造出具有相似视觉深度感的新图片，原图与效果对比如图5-13所示。

图 5-13 原图与效果对比

> 小贴士

景深是指照片中看起来清晰的那部分前后延伸的范围，通常与摄影中的光圈、焦距和拍摄距离有关，AI首先要分析图片中的景深效果，识别出前景、中景和背景的清晰度变化，确定图片中的焦点区域。

下面介绍在即梦AI中参考景深识别视觉焦点生成图片的操作方法。

步骤 1 进入"图片生成"页面，单击"导入参考图"按钮，弹出"打开"对话框，选择需要上传的参考图，如图5-14所示。

步骤 2　单击"打开"按钮，弹出"参考图"对话框，选中"景深"单选按钮，如图5-15所示，此时AI会自动识别参考图中的景深效果。

图 5-14　选择需要上传的参考图　　　图 5-15　选中"景深"单选按钮

步骤 3　单击"保存"按钮，返回"图片生成"页面，输入相应的提示词，如图5-16所示，指导AI生成特定的图像效果。

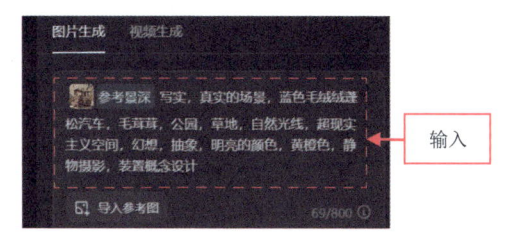

图 5-16　输入相应的提示词

步骤 4　单击"立即生成"按钮，即可生成4幅相应的AI图片，如图5-17所示，通过生成的图片可以看出，AI从参考图片中提取了画面的景深效果，并应用到新图片的生成过程中，创建出一系列具有相同景深效果但各不相同的AI图片。

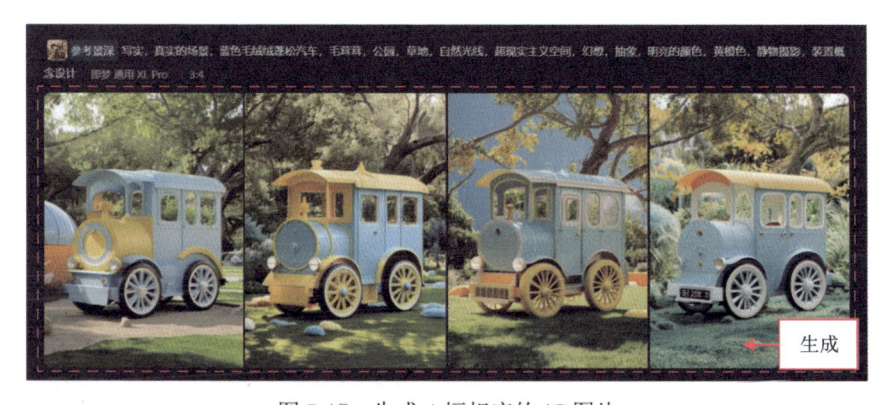

图 5-17　生成 4 幅相应的 AI 图片

第 5 章

以图生图：妙图生花

61

## 5.2 精细控制：调整相应设置

在即梦AI的图生图创作过程中，用户不仅可以上传一张参考图像来奠定作品的基本框架，还能够通过一系列高级功能来精细控制生成的图像效果。本节主要介绍精细控制相应参数生成图片的操作方法，包括调整主体参考程度、调整图片比例、使用细节修复图片等内容。

### 5.2.1 修改图片：调整参考程度

如果使用图生图功能生成的图像未完全达到预期效果，用户可以修改图片的参考程度，使AI生成的图像接近于参考的图片，原图与效果对比如图5-18所示。

下面介绍在即梦AI中调整主体参考程度生成图片的操作方法。

步骤 1　进入"图片生成"页面，单击"导入参考图"按钮，弹出"打开"对话框，选择相应的参考图，如图5-19所示。

图 5-18　原图与效果对比

步骤 2　单击"打开"按钮，弹出"参考图"对话框，添加相应的参考图，选中"角色特征"单选按钮，AI会自动识别参考图中的角色特征，如图5-20所示。

图 5-19　选择相应的参考图　　图 5-20　选中"角色特征"单选按钮

> 🔖 **小贴士**
>
> "参考程度"的设置可以帮助用户在保持角色形象的同时，对细节进行调整，使得生成的图像既保留了原始形象的特点，又具有新的视觉效果。在风格转换的场景中，用户可能希望AI在保持原始角色形象的基础上，对整体图片内容进行重新诠释，这时"参考程度"就成为一个重要的调节工具。
>
> 不同的创作目的可能需要不同程度的参考值。例如，如果用户想要一个与原图非常相似的图像，可以适当提高"参考程度"参数值，反之亦然。

步骤 3　单击"参考程度"按钮，设置"主体参考强度"参数为10，适当降低参考图对AI生图结果的影响，如图5-21所示。

步骤 4　单击"保存"按钮，返回"图片生成"页面，❶输入相应的提示词；❷设置相应的生图模型；❸设置"精细度"参数为10，如图5-22所示，指导AI生成特定的图像。

图 5-21　设置"主体参考强度"参数　　图 5-22　设置各项参数

步骤 5　单击"立即生成"按钮，AI会生成与参考图相似度更高的图像，效果如图5-23所示。

图 5-23　生成相应的图像效果

## 5.2.2 重新设置：调整图片比例

在生图过程中会出现参考图的比例与用户所需的比例不一致，此时可以重新设置生图比例，以更好地适应和展示图片内容，原图与效果对比如图5-24所示。

图 5-24 原图与效果对比

下面介绍在即梦AI中调整图片比例生成图片的操作方法。

步骤 1 进入"图片生成"页面，单击"导入参考图"按钮，弹出"打开"对话框，选择相应的参考图，如图5-25所示。

步骤 2 单击"打开"按钮，弹出"参考图"对话框，添加相应的参考图，单击"生图比例"按钮，如图5-26所示。

图 5-25 选择相应的参考图　　图 5-26 单击"生图比例"按钮

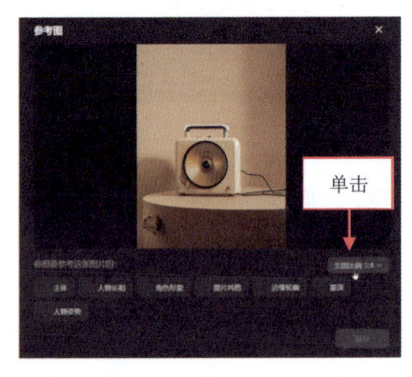

步骤 3 执行操作后，弹出"图片比例"面板，选择1：1选项，如图5-27所示，即可将参考图的生图比例调整为1：1的尺寸。

步骤 4 选中"景深"单选按钮，系统会自动识别图像中的景深信息，并生成相应的景深图，如图5-28所示。

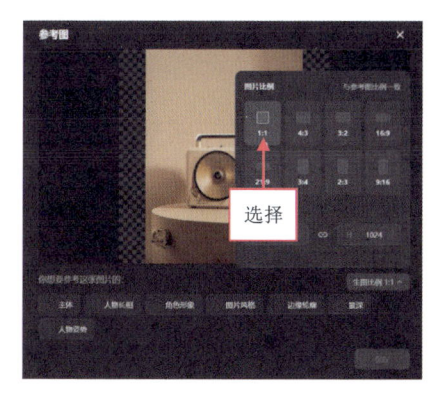

图 5-27 选择 1：1 选项　　　　图 5-28 选中"景深"单选按钮

**步骤 5**　单击"保存"按钮，即可上传参考图，输入相应的提示词，用于指导AI生成特定的图像，如图5-29所示。

**步骤 6**　单击"比例"右侧的 按钮，展开"比例"选项区，自动调整至1：1选项，使AI的生图比例与参考图一致，如图5-30所示。

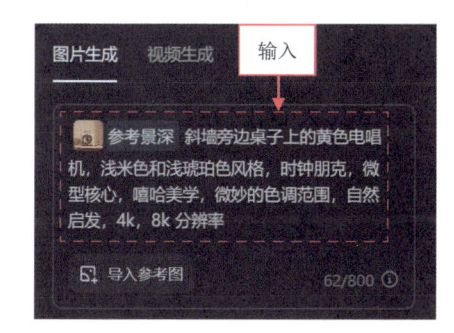

图 5-29　输入相应的提示词　　　　图 5-30　选择 1：1 选项

**步骤 7**　单击"立即生成"按钮，AI会根据参考图中的景深信息生成相应的图像，效果如图5-31所示。

图 5-31　生成相应的图像效果

> **小贴士**
>
> 在"图片比例"面板中提供了多种预设的比例选项，如常见的4∶3、16∶9等，这些预设选项可以帮助用户快速找到合适的比例，省去了手动输入的麻烦。

## 5.2.3 细节修复：重绘图片瑕疵

即梦AI的"细节修复"功能可以重绘图片中的一些瑕疵，如模糊、像素化或色彩失真等，从而显著提高图像的质量，原图与效果对比如图5-32所示。

图 5-32　原图与效果对比

下面介绍在即梦AI中使用"细节修复"功能生成图片的操作方法。

步骤 1　进入"图片生成"页面，单击"导入参考图"按钮，弹出"打开"对话框，选择相应的参考图，如图5-33所示。

步骤 2　单击"打开"按钮，弹出"参考图"对话框，添加相应的参考图，选中"人物姿势"单选按钮，AI能够检测图像中的人物姿势，并生成相应的骨骼图，如图5-34所示。

步骤 3　单击"保存"按钮，即可上传参考图，输入相应的提示词，用于指导AI生成特定的图像，如图5-35所示。

步骤 4　单击"立即生成"按钮，AI会根据参考图中的人物姿势生成相应的图像，效果如图5-36所示，可以看到AI生成的人物手部有点儿不自然，需要进行细节修复。

图 5-33　选择相应的参考图　　　　　　图 5-34　选中"人物姿势"单选按钮

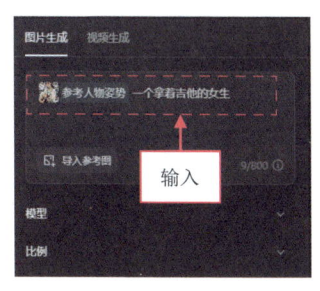

图 5-35　输入相应的提示词　　　　　　图 5-36　生成相应的图像效果

步骤 5　选择合适的图像，单击下方的"细节修复"按钮，如图5-37所示。

步骤 6　执行操作后，即可修复图像中的瑕疵，效果如图5-38所示。

图 5-37　单击"细节修复"按钮　　　　　图 5-38　修复图像瑕疵效果

### 小贴士

"细节修复"功能是一种先进的图像处理技术，它能对图像中的细节进行增强和优化，使得原本模糊或不易辨认的部分变得更加清晰和生动。

在艺术创作和设计领域中，"细节修复"功能可以帮助艺术家和设计师在

以图生图：妙图生花

67

创作过程中更加精细地调整和完善作品的细节。例如，在绘画中加强人物的面部特征、手部特征、衣物的纹理，或是在设计中提升产品的外观设计和功能细节。

此外，"细节修复"功能还可以应用于虚拟现实和增强现实技术，提升用户的视觉体验，使得虚拟世界中的物体和场景更加逼真。

### 5.2.4 快速选择：批量下载图片

当用户在即梦AI平台上成功生成符合期望的图像效果后，可以轻松地将这些图片保存到本地，原图与效果对比如图5-39所示。下载过程通常非常简便，只需单击"下载"按钮，系统就会将图片以用户选择的格式（如JPEG、PNG等）保存到用户的设备上。

下面介绍在即梦AI中批量下载图片的操作方法。

步骤 1　进入"图片生成"页面，单击"导入参考图"按钮，弹出"打开"对话框，选择相应的参考图，如图5-40所示。

图 5-39　原图与效果对比

步骤 2　单击"打开"按钮，弹出"参考图"对话框，添加相应的参考图，选中"人物长相"单选按钮，系统会自动识别并选中图像中的人物长相，如图5-41所示。

步骤 3　单击"保存"按钮，即可上传参考图，输入相应的提示词，如图5-42所示。

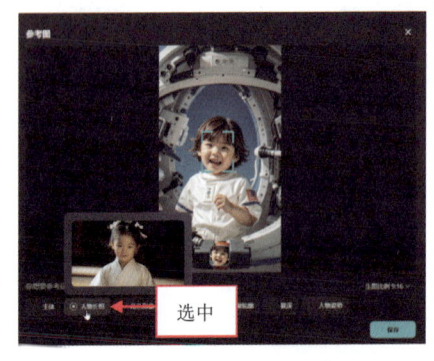

图 5-40　选择相应的参考图　　　图 5-41　选中"人物长相"单选按钮

步骤 4　选择一个合适的生图模型，如"即梦 通用v2.0"，用于指导AI生成特定内容和画风的图像，如图5-43所示。

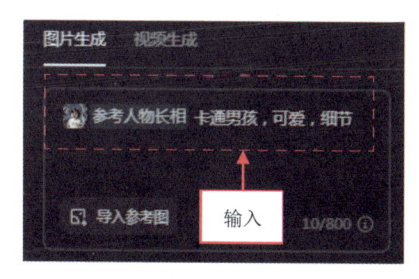

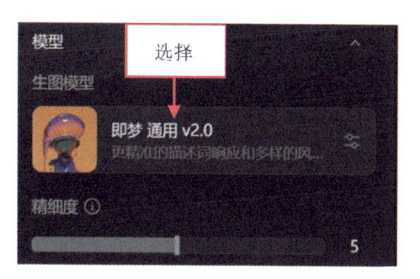

图 5-42　输入相应的提示词　　图 5-43　选择相应的生图模型

步骤 5　单击"立即生成"按钮，AI会根据参考图中的人物长相生成相应的图像，效果如图5-44所示。

图 5-44　生成相应的图像效果

步骤 6　选择合适的图像，单击图像右上角的"下载"按钮，如图5-45所示，即可下载所选的单张图片。

图 5-45　单击"下载"按钮

步骤 7　在生成的图像效果右侧单击按钮，效果如图5-46所示。

步骤 8　执行操作后，进入"图片"页面，单击右上角的"批量操作"按钮，如图5-47所示。

图 5-46 单击相应按钮

图 5-47 单击"批量操作"按钮

步骤 9　执行操作后，选择相应的组图（支持多选），单击"下载"按钮，如图5-48所示，即可批量下载图像。

图 5-48 单击"下载"按钮

> **小贴士**
>
> AI图片下载完成后，用户可以自由地将这些图片用于个人项目或分享到社交媒体上。无论是用于网站设计、广告宣传还是个人收藏，这些图片都能以高清晰度和专业品质满足用户的需求。为了提升用户体验，即梦AI还提供了批量下载功能，允许用户一次性下载多张图片，节省时间并提高效率。同时，即梦AI还会自动将图片保存到云存储服务器中，方便用户随时随地访问和管理。

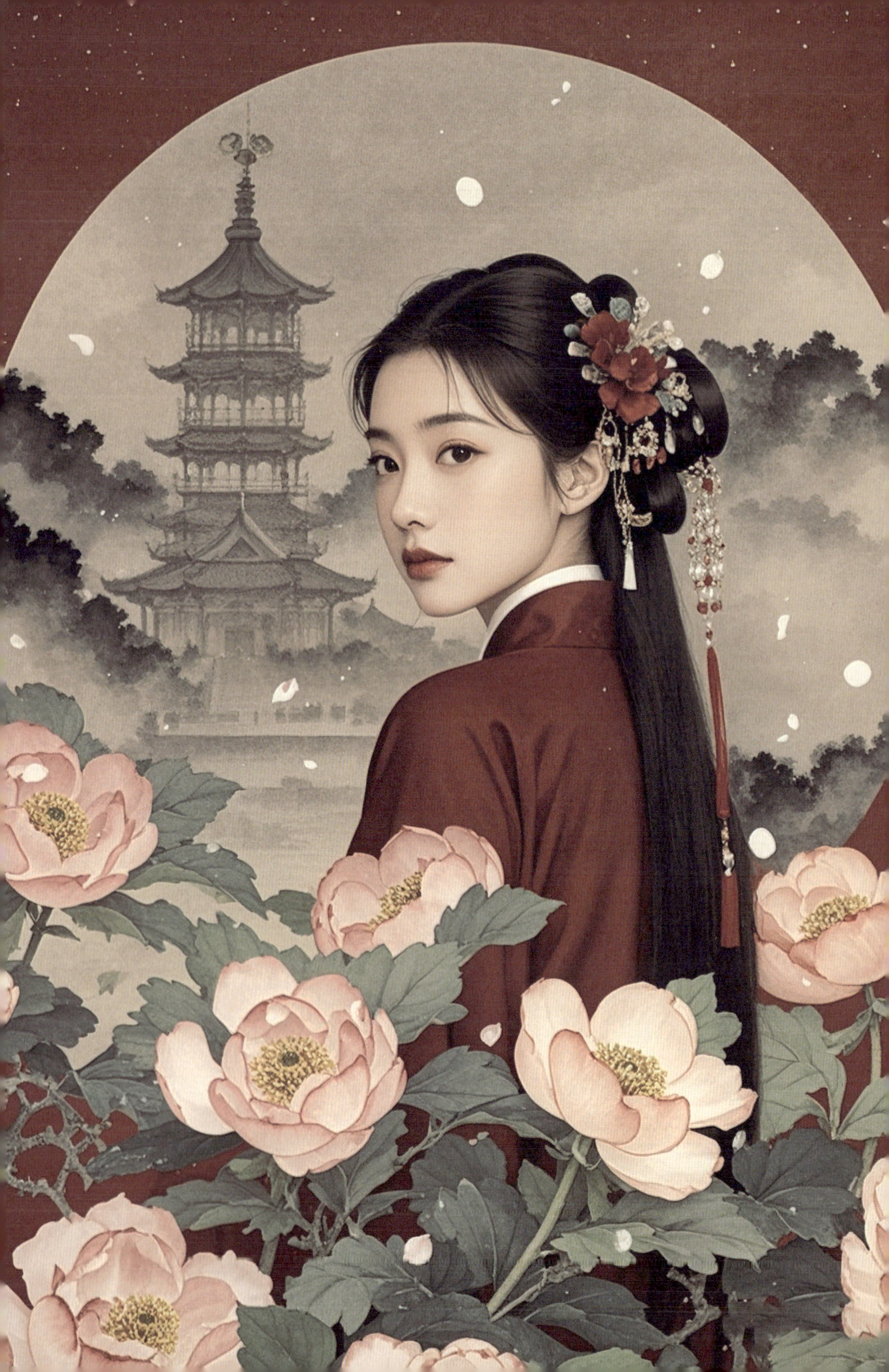

# 第 6 章
# 智能画布：二次编辑

　　智能画布不仅仅是即梦AI平台上的一个编辑工具，它更是一个全新的创作平台，让用户能够以前所未有的方式进行视觉表达。通过AI的辅助，"智能画布"功能能够提供直观的交互体验，并实现精准的图像编辑，从而极大地提升创作效率和作品质量。

## 6.1 智能画布：创建与编辑

智能画布类似于Photoshop中的图层，但它通过AI技术增强了用户的编辑体验。在传统的图像编辑软件中，图层是构成图像的基础元素，用户可以在不同的图层上独立地工作，从而实现复杂的图像合成和效果叠加。

智能画布则在此基础上引入了AI的文生图和图生图等一系列强大功能，使得图像编辑更加直观和高效。本节主要介绍在即梦AI平台上创建与编辑智能画布项目的操作方法，为图像编辑和创意表达带来更多的可能性。

### 6.1.1 以图生图：创建智能画布

通过智能画布中的以图生图功能，用户可以使用"主体""轮廓边缘"等功能来控制AI的生图效果，原图与效果对比如图6-1所示。

图 6-1　原图与效果对比

下面介绍在即梦AI中通过智能画布以图生图的操作方法。

步骤 1　在"AI作图"选项区中单击"智能画布"按钮，如图6-2所示。

步骤 2　执行操作后，即可新建一个智能画布项目，单击左侧的"上传图片"按钮，如图6-3所示。

步骤 3　执行操作后，弹出"打开"对话框，选择相应的参考图，如图6-4所示。

步骤 4　单击"打开"按钮，即可上传参考图，如图6-5所示。

步骤 5　在左侧的"新建"选项区中单击"图生图"按钮，如图6-6所示。

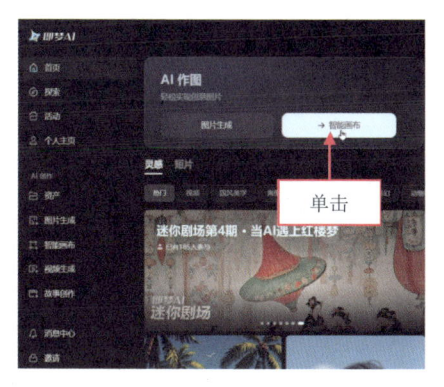

图6-2 单击"智能画布"按钮　　　　图6-3 单击"上传图片"按钮

图6-4 选择相应的参考图　　　　　　图6-5 上传参考图

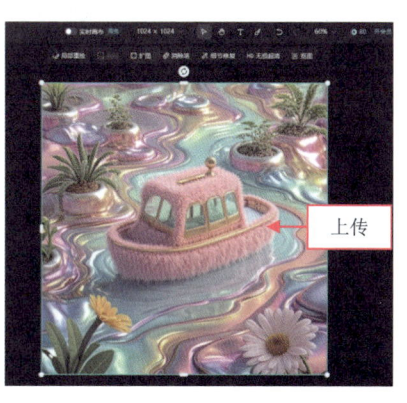

步骤6　执行操作后，弹出"新建图生图"面板，输入相应的提示词，用于指导AI生成特定的图像，如图6-7所示。

步骤7　❶在"混合参考"选项区中选中"主体"单选按钮，弹出"主体设置"面板；❷设置"参考程度"参数为50，如图6-8所示，系统会自动识别图像中的主体。

图6-6 单击"图生图"按钮　　　　　图6-7 输入相应的提示词

第6章 智能画布：二次编辑

75

步骤 8　单击"立即生成"按钮，即可生成相应的图像，同时生成了"图层2"图层，并保持参考图中的主体样式不变，效果如图6-9所示。

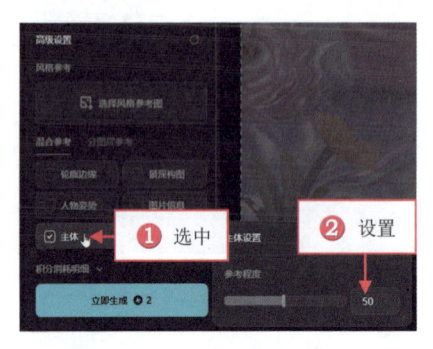

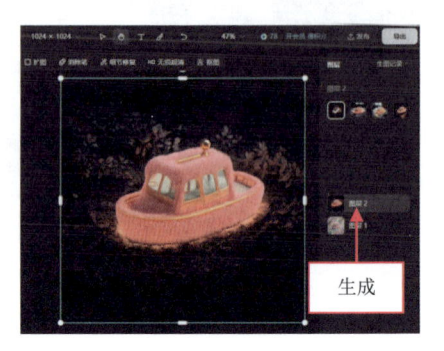

图 6-8　选中"主体"单选按钮　　　　图 6-9　生成相应的图像和图层

步骤 9　在"图层2"图层中，可以看到AI同时生成了4张图片，选择相应的图片，如选择第4张图片，可以切换画布上显示的图像效果，如图6-10所示。

步骤 10　单击页面右上角的"导出"按钮，弹出"导出设置"面板，即可更改相应设置，单击"下载"按钮，如图6-11所示，即可保存"图层2"图层中的图像效果。

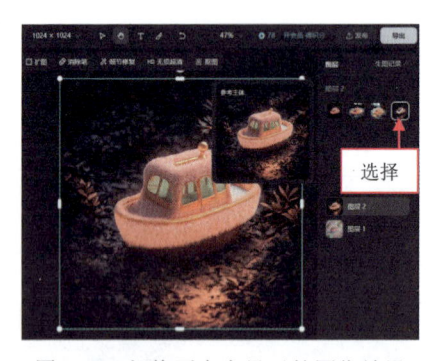

图 6-10　切换画布上显示的图像效果　　　　图 6-11　单击"下载"按钮

## 6.1.2　图层对象：改变显示顺序

在即梦AI的智能画布编辑页面中，位于上方的图片会遮掩下方同一位置的图片，此时用户可以调整图片的叠放顺序，改变整幅图像的显示效果，原图与效果对比如图6-12所示。

图6-12　原图与效果对比

下面介绍在即梦AI中改变图层对象显示顺序的操作方法。

**步骤 1**　进入智能画布编辑页面，单击"上传图片"按钮，上传一张图片素材，单击上方的分辨率参数（1 024×1 024），弹出"画板调节"面板，在"画板比例"选项区中选择3∶4选项，即可将画板比例调整为3∶4（此时分辨率参数为768×1 024），同时适当调整图像的位置，使其铺满整个画布，如图6-13所示。

**步骤 2**　用与上相同的操作方法，上传并调整图片素材，同时"图层"面板中会生成相应数量的图层，如图6-14所示。

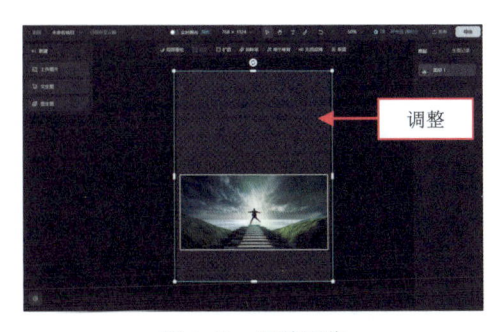

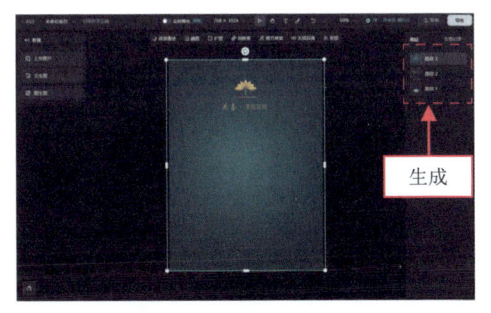

图 6-13　调整图像　　　　　　　　图 6-14　生成相应数量的图层

### 小贴士

在本案例中，上传的图片素材均为.png格式的透明背景，因此，上传的图像全部叠加显示在背景图片中。

**步骤 3** 拖动右侧的图层至相应位置，即可调整图层的顺序，如图6-15所示。

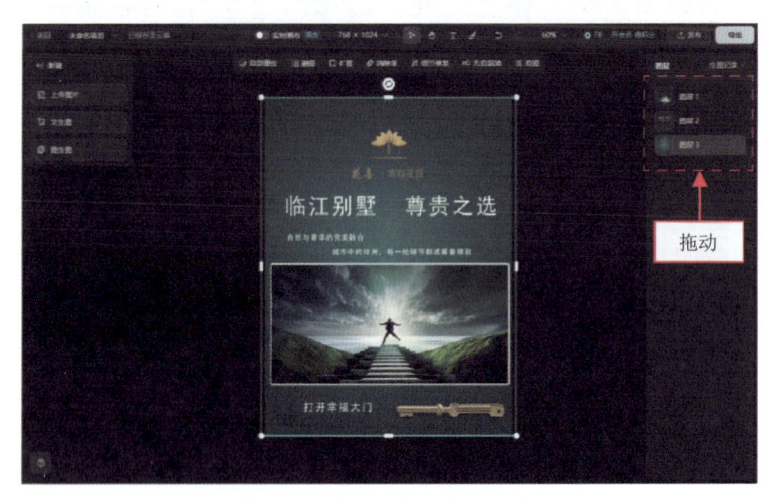

图 6-15 拖动图层至相应位置

### 小贴士

在智能画布编辑页面中，用户还可以通过以下快捷键调整图层的顺序。

- 按【Ctrl+】】组合键，可以将图层上移一层。
- 按【Ctrl+【】组合键，可以将图层下移一层。
- 按【Ctrl+Alt+】】组合键，可以将图层置顶。
- 按【Ctrl+Alt+【】组合键，可以将图层置底。

## 6.1.3 画布图层：显示与隐藏

在即梦AI的智能画布编辑页面中，用户可以生成或上传多张AI图片，它们会以不同的图层显示在画布中，用户可根据需要对图层进行隐藏与显示操作，使制作的AI作品更加符合用户要求，原图与效果对比如图6-16所示。

下面介绍在即梦AI中显示与隐藏智能画布图层的操作方法。

**步骤 1** 在上一例的基础上，单击"图层"面板中的"图层1"图层右侧的 按钮，如图6-17所示。

**步骤 2** 操作完成后，在"图层"面板中，隐藏图层以灰色呈现，表示该图层已被隐藏，此时画布中的图像效果如图6-18所示。

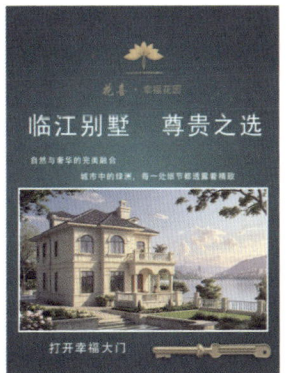

图 6-16 原图与效果对比

图 6-17 单击"图层 1"图层右侧的相应按钮

图 6-18 画布中的图像效果

> 步骤 3　用与上相同的操作方法，上传图片后调整其位置，即可更换素材，如图6-19所示。

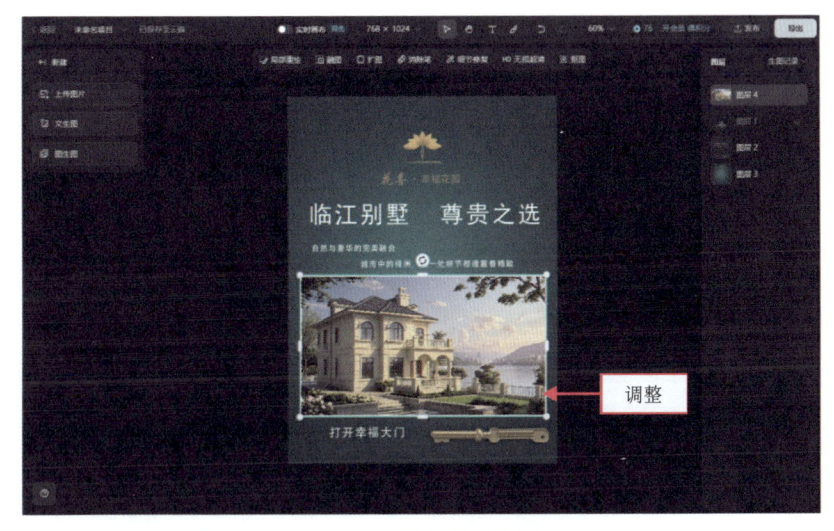

图 6-19 调整图片位置

> **小贴士**
>
> "智能画布"功能在默认设置下会导出当前工作画板中的所有可视内容,这通常包括所有可见图层的组合效果。导出的图像格式一般为JPEG或PNG,这两种格式因其广泛的兼容性和良好的压缩效果而受到用户的青睐。
>
> 即梦AI的"扩图"功能提供了多样化的图像放大选项,用户可以根据实际需要选择1.5x、2x和3x不同的扩图倍数,以及1:1、3:4、9:16、4:3和16:9等比例参数。这些选项使得用户在处理图像时拥有更大的灵活性,无论是想要小幅度增加图像尺寸以适应特定的展示需求,还是大幅度增加分辨率以用于高质量的打印输出,都可以精确匹配用户的特定需求。

## 6.2 二次创作:编辑图片内容

在即梦AI平台中,"智能画布"功能通过结合AI技术,为用户提供了一个强大且易于使用的图像编辑平台,无论是专业设计师还是普通用户,都能够轻松地通过"智能画布"功能进行创意编辑和图像的二次创作。本节主要介绍在即梦AI的"智能画布"页面中对图片进行二次创作的操作方法。

### 6.2.1 局部重绘:描绘所选区域

在即梦AI的智能画布编辑页面中,AI技术可以帮助用户对图像的特定部分进行重绘,如改变人物的表情、改变画面中的对象或是替换背景元素等,以实现图片的混合操作,原图与效果对比如图6-20所示。

下面介绍在即梦AI中使用"局部重绘"功能描绘所选对象的操作方法。

图 6-20 原图与效果对比

步骤1　新建一个智能画布项目,单击左侧的"上传图片"按钮,弹出"打开"对话框,在其中选择需要上传的参考图,如图6-21所示。

步骤2　单击"打开"按钮,即可将图片上传至智能画布编辑页面中,在中间的预览窗口中可以查看上传的图片效果,单击页面上方的"局部重绘"按钮,如图6-22所示,通过该按钮可以对上传的图片进行局部重绘操作。

图 6-21　选择需要上传的参考图片　　　图 6-22　单击"局部重绘"按钮

步骤3　进入相应页面,在工具栏中选取"画笔"工具 ,如图6-23所示,该工具主要用来涂抹画面中需要重绘的区域。

步骤4　设置"画笔"大小为30,如图6-24所示,即可将画笔涂抹的区域变小。

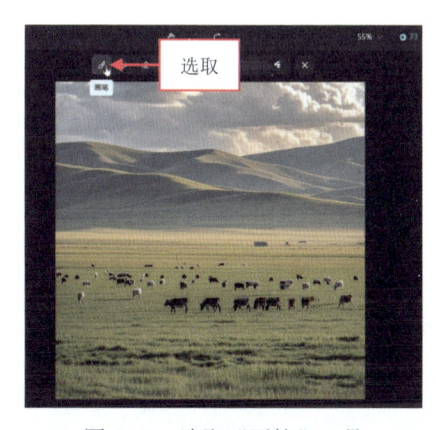

图 6-23　选取"画笔"工具　　　图 6-24　设置"画笔"大小

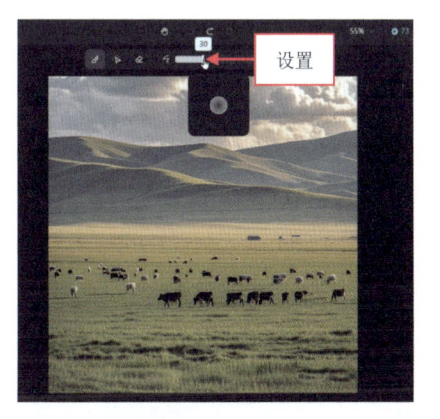

步骤5　将鼠标移至图像中需要重绘的区域,按住鼠标左键并拖动,进行适当涂抹,涂抹过的区域以蓝色格子显示,如图6-25所示。

步骤 6 在下方文本框中输入相应的提示词内容，表示需要重新生成的图片内容，单击"局部重绘"按钮，如图6-26所示，即可对图像进行局部重绘操作。

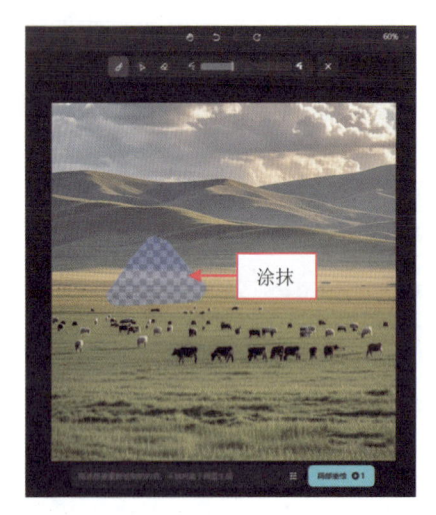

图 6-25　在图像上进行适当涂抹　　　图 6-26　单击"局部重绘"按钮

步骤 7 在中间的预览窗口中可以查看局部重绘效果，再单击下方的 ▶ 按钮，即可查看生成的4种图像效果，选择合适的图像缩略图，如图6-27所示。

步骤 8 单击"完成编辑"按钮，即可将图像效果切换至画布上，❶在页面的右上角单击"导出"按钮，弹出"导出设置"面板；❷在其中设置"格式"为PNG，如图6-28所示，设置导出的AI图片为PNG格式，单击"下载"按钮，即可下载AI图片。

图 6-27　选择合适的图像缩略图　　　图 6-28　设置"格式"为 PNG

## 6.2.2 消除笔：去除多余元素

在即梦AI的智能画布编辑页面中，"消除笔"按钮可用于移除或擦除图像中不需要的部分，这个工具利用AI技术，可以智能地识别并消除图像中的特定元素，同时尽量减少对周围区域的影响，原图与效果对比如图6-29所示。

图 6-29　原图与效果对比

下面介绍在即梦AI中使用"消除笔"功能去除图片中多余元素的操作方法。

步骤 1　新建一个智能画布项目，单击左侧的"上传图片"按钮，上传一张图片素材，单击"消除笔"按钮（通过该按钮可以消除图片中不需要的细节），如图6-30所示。

图 6-30　单击"消除笔"按钮

步骤 2　进入相应页面，在工具栏中选取"画笔"工具，设置"画笔"大小为28，如图6-31所示，使画笔的大小符合涂抹需求。

步骤 3  将鼠标移至图像中需要消除的区域，按住鼠标左键并拖动，进行适当涂抹，涂抹过的区域以蓝色格子显示，如图6-32所示。

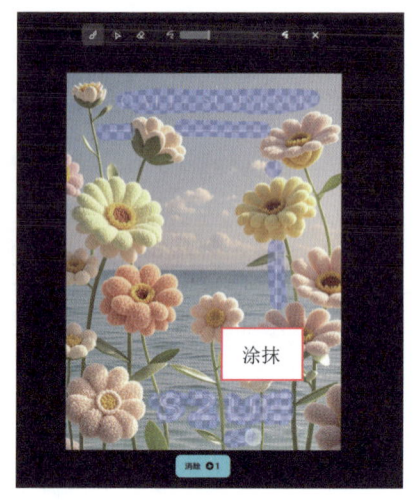

图 6-31　设置"画笔"大小　　　　图 6-32　对图像进行适当涂抹

步骤 4  单击"消除"按钮，即可去除图片中多余的部分，进入相应界面，如果对效果满意，单击"完成编辑"按钮，如图6-33所示，即可完成图片的处理。

步骤 5  单击上方的分辨率参数（1 024×1 024），弹出"画板调节"面板，在"画板比例"选项区中选择3∶4选项，即可将画板比例调整为3∶4，调整图像的位置，使其对其画布边缘，如图6-34所示。

图 6-33　单击"完成编辑"按钮　　　　图 6-34　调整图像的位置

> **小贴士**
>
> 在使用消除笔时，用户需要注意不要过度涂抹，以免损坏图片的其他部分。

## 6.2.3 文字效果：丰富视觉表达

用户使用即梦AI的添加文字工具 T 可以轻松地为图像添加文字效果，丰富视觉表达并提升作品的沟通力，原图与效果对比如图6-35所示。

图 6-35　原图与效果对比

下面介绍在即梦AI中制作文字效果的操作方法。

步骤 1　新建一个智能画布项目，单击左侧的"上传图片"按钮，弹出"打开"对话框，选择相应的参考图，如图6-36所示。

步骤 2　单击"打开"按钮，即可将参考图添加到画布上，"图层"面板中会生成"图层1"图层，将"画板比例"调整为3∶4，并调整图像在画布中的位置，如图6-37所示。

图 6-36　选择相应的参考图　　图 6-37　调整图像在画布中的位置

步骤 3　在顶部工具栏中选取"添加文字"工具 T，如图6-38所示。

步骤 4　执行操作后，进入文字编辑状态，输入相应的文字，如图6-39所示。

图 6-38　选取"添加文字"工具　　　　图 6-39　输入相应的文字

步骤 5　设置"字号"参数为18，如图6-40所示，调整文字大小与位置。

步骤 6　单击"文字颜色"按钮 A，在弹出的面板中选择深绿色色块，如图6-41所示。

图 6-40　设置"字号"参数　　　　图 6-41　选择深绿色色块

步骤 7　复制文字图层，并将复制的文字对象移至合适位置，如图6-42所示。

步骤 8　将复制的文字颜色调整为淡绿色（#baf8b6），形成文字叠加效果，如图6-43所示，单击上方的"粗体"按钮，加粗文字，使效果更加明显。

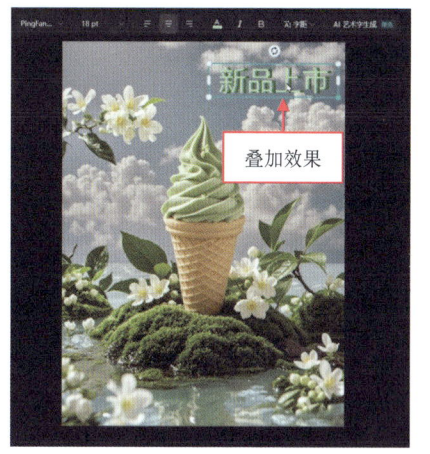

图 6-42　移至合适位置　　　　　图 6-43　形成文字叠加效果

> **小贴士**
>
> 用户可以自由调整文字的格式和排版布局，包括字体、字号、对齐方式、颜色、字距等，以实现最佳的视觉效果。这种高度的自定义能力，使得文字不仅传达信息，更成为视觉设计中的重要元素。

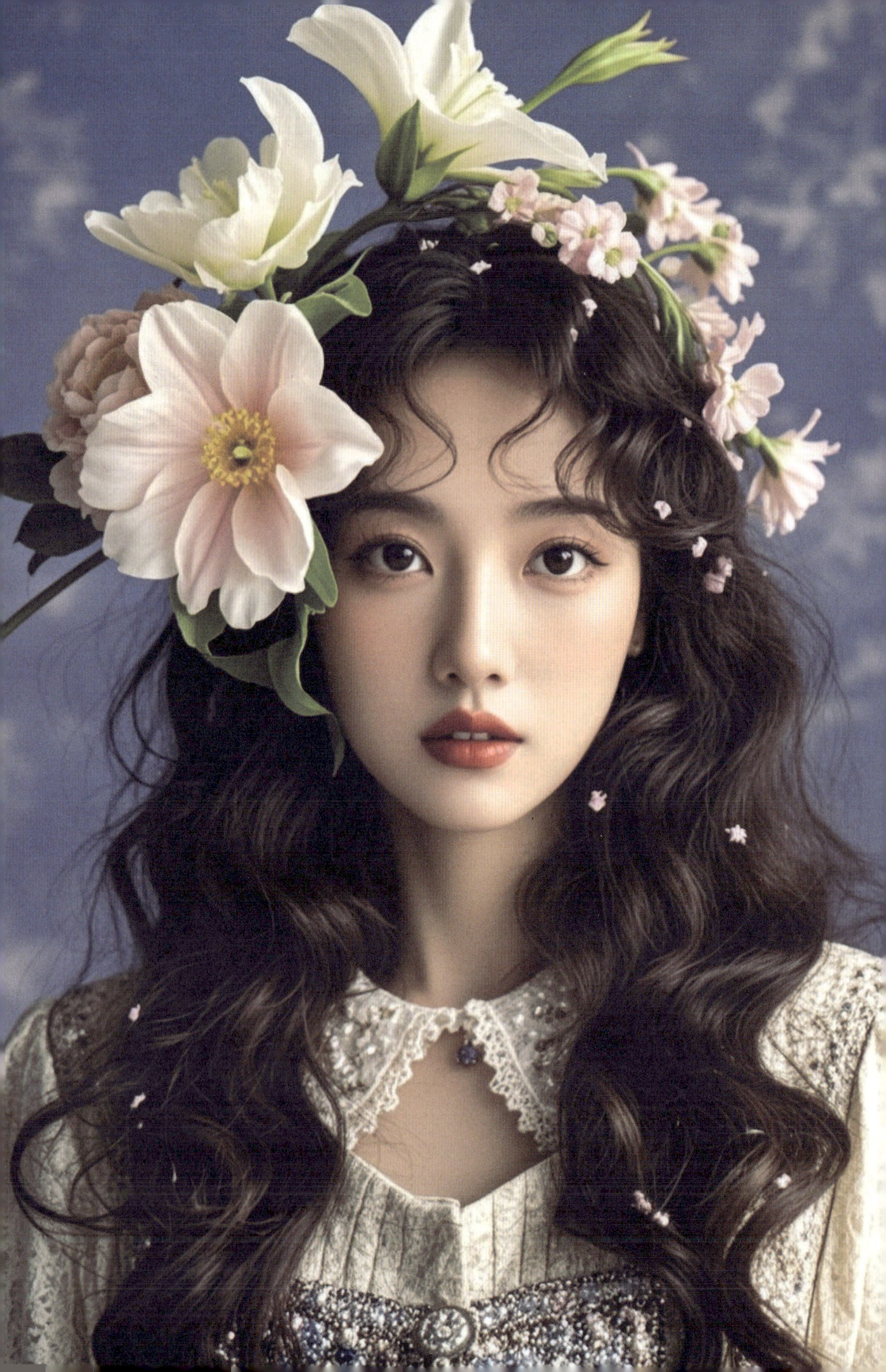

#  第 7 章

# 文生视频：动态创作

在AI时代，艺术创作与技术的结合催生出无数创新形式。本章深入探讨了一种新兴的AI艺术创新形式——文生视频，它打破了传统视频制作的界限，能够将文字转化为一场视觉盛宴。在即梦AI的文生视频功能中，文字不仅仅是叙述的工具，更是创作的起点，是激发AI想象力的"催化剂"。

## 7.1 文本创作：基础效果设置

在即梦AI平台中，文生视频功能允许用户输入文本描述来生成AI视频，用户可以提供场景、动作、人物、情感等文本信息，AI将根据这些描述自动生成相应的视频内容，包括人物、动物、背景、环境和氛围等。本节主要介绍以文本创作视频效果的操作方法。

### 7.1.1 横幅视频：匹配视觉场景

横幅视频，通常指的是具有横向宽屏比例的视频格式，这种格式的视频在视觉上能够提供更宽广的视野和更丰富的场景内容。即梦AI的横幅视频的预设参数主要包括21∶9、16∶9和4∶3共3种，非常适合展示场景的深度和宽度，适用于叙事性内容，如电影、电视剧和纪录片。横幅视频的比例更符合人眼的视觉习惯，提供更舒适的观看体验。

例如，16∶9是人们广泛接受的视频标准，这种比例的横幅视频在各种设备上的兼容性较好，包括电视、电脑、平板和智能手机。如果视频内容是风景或者需要展示宽广视野的场景，横幅视频可能是最佳选择，效果如图7-1所示。

图 7-1 效果欣赏

下面介绍在即梦AI中创作16∶9横幅视频的操作方法。

步骤 1 进入即梦AI的官网首页，在"AI视频"选项区中，单击"视频生成"按钮，如图7-2所示。

步骤 2 执行操作后，进入"视频生成"页面，在"文本生视频"选项卡中输入相应的提示词，用于指导AI生成特定的视频，如图7-3所示。

步骤 3 展开"基础设置"选项区，设置"视频比例"为16∶9，如图7-4所示。

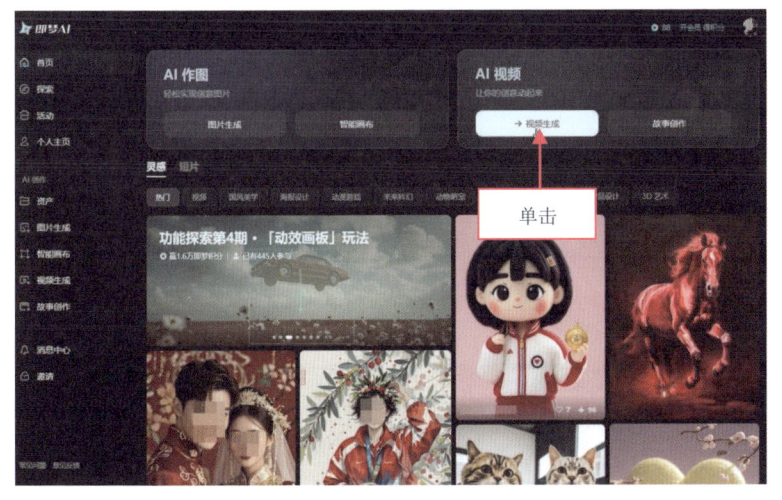

图 7-2　单击"视频生成"按钮

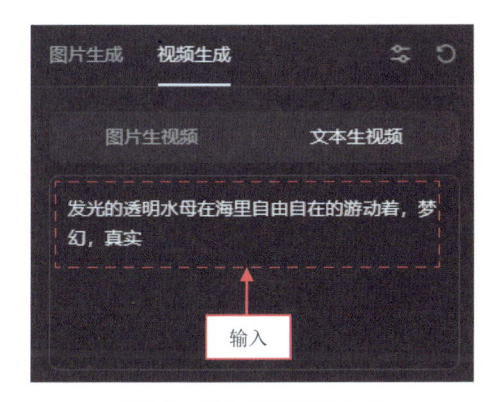

图 7-3　输入相应的提示词

图 7-4　设置视频比例

步骤 4　单击"生成视频"按钮，即可开始生成视频并显示生成进度，如图7-5所示。

步骤 5　稍等片刻，即可生成相应比例的视频效果，如图7-6所示。

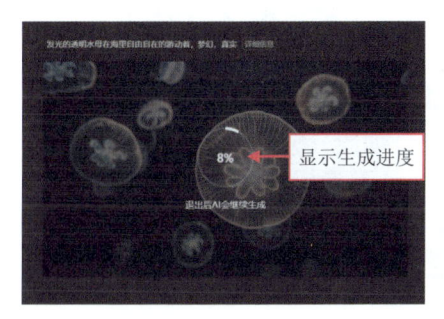

图 7-5　显示生成进度

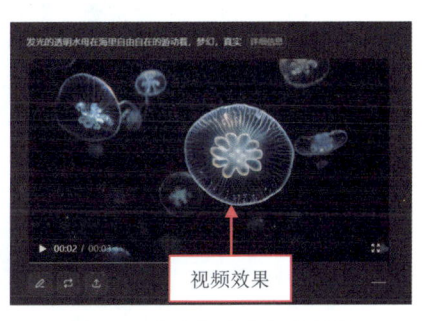

图 7-6　生成相应的视频效果

91

## 7.1.2 重新编辑：再次生成视频

即梦AI的"重新编辑"功能，不仅有助于提升视频质量和个性化程度，还能节省时间和成本，更好地满足多样化需求。如果用户对生成的视频画面不满意，此时可以通过"重新编辑"按钮对视频画面进行重新编辑，修改提示词描述，或者重新设置运镜类型，使生成的视频效果更加符合用户要求，效果如图7-7所示。

图 7-7 效果欣赏

下面介绍在即梦AI中使用"重新编辑"功能再次生成视频效果的操作方法。

步骤 1 进入"视频生成"页面，❶切换至"文本生视频"选项卡；❷输入相应的提示词，用于指导AI生成特定的视频；❸单击"生成视频"按钮，如图7-8所示。

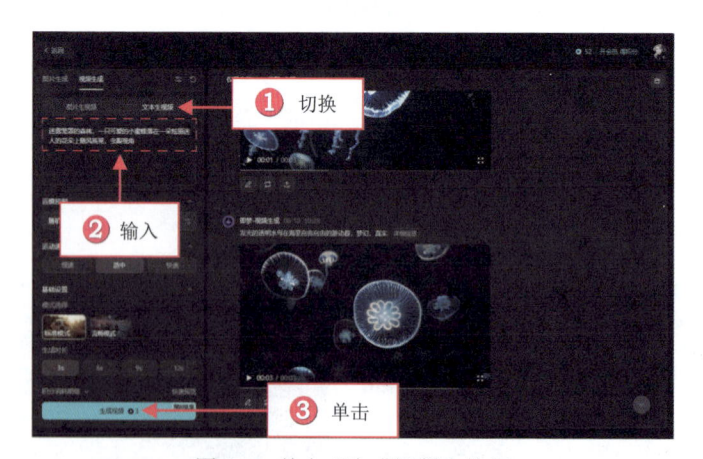

图 7-8 单击"生成视频"按钮

步骤 2 执行操作后，AI开始解析视频描述内容并转化为视觉元素，页面右侧下方显示了视频生成进度，如图7-9所示。

步骤 3　待视频生成完成后，显示了视频的画面效果，将鼠标移至视频画面上，即可自动播放AI视频效果，如果用户对视频效果不满意，此时可以单击下方的"重新编辑"按钮，如图7-10所示。

图7-9　显示视频生成进度

图7-10　单击"重新编辑"按钮

### 小贴士

在AI视频的创作和编辑过程中，我们时常会遇到需要对现有视频进行重新制作或调整的情况。无论是为了改进视频质量、修正错误，或是尝试新的创意方向，重新编辑视频都成为一个不可或缺的过程。

步骤 4　在"文本生视频"选项卡中修改相应的提示词内容，如图7-11所示，使生成的视频效果更加符合用户的要求。

步骤 5　在"基础设置"|"视频比例"选项区中选择16∶9选项，如图7-12所示，让AI生成横幅视频。

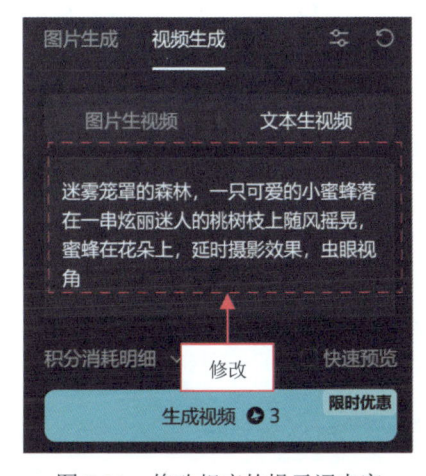

图7-11　修改相应的提示词内容

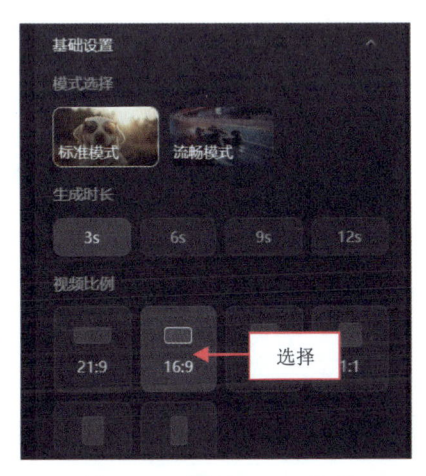

图7-12　选择16∶9选项

93

步骤 6　❶单击"生成视频"按钮，此时AI开始解析提示词描述；❷根据提示词内容重新生成动态的视频效果，如图7-13所示。

图 7-13　重新生成动态的视频效果

## 7.1.3　延长视频：增加视频内容

在即梦AI平台中生成视频时有3 s、6 s、9 s、12 s四种时长选择，如果用户需要延长视频的时间，需要订阅即梦AI会员，才能享受更多权益，将视频的时间延长3 s，效果如图7-14所示。

图 7-14　效果欣赏

下面介绍在即梦AI中将视频的时间延长3 s的操作方法。

步骤 1　进入"视频生成"页面，在"文本生视频"选项卡中输入相应的提示词，用于指导AI生成特定的视频，如图7-15所示。

步骤 2　展开"视频设置"选项区，选择4∶3选项，设置视频尺寸，单击"生成视频"按钮，即可生成一段相应的美食视频，单击视频效果下方的"延长3 s"按钮，如图7-16所示。

图 7-15 输入相应的提示词

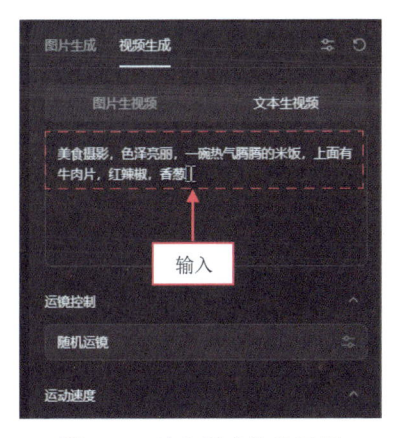

图 7-16 单击"延长 3 s"按钮

步骤 3 执行操作后，即可生成6 s的AI视频，并显示视频生成进度，如图7-17所示。

步骤 4 稍等片刻，待视频生成后，将鼠标移至视频效果上，即可预览6 s的视频效果，如图7-18所示。

图 7-17 显示视频生成进度

图 7-18 预览 6 s 的视频效果

## 7.2 进阶创作：打造影视级视频

即梦AI平台的文生视频功能以其简洁直观的操作界面和强大的AI算法，为用户提供了一种全新的视频创作体验。不同于传统的视频制作流程，用户无须精通视频编辑软件或拥有专业的视频制作技能，只需通过简单的文字描述，即可激

95

发AI的创造力，生成一段段引人入胜的视频内容。在这个创新的过程中，文字描述扮演着至关重要的角色。用户的文字不仅是视频内容的蓝图，更是AI理解用户意图和创作方向的关键。文字描述的准确性、创造性和情感表达，直接影响着最终视频的质量和感染力。

本节主要介绍打造影视级视频的方法，用户在输入提示词时，应该尽量清晰、具体，同时富有想象力，以引导AI创造出符合预期的视频效果。

## 7.2.1 突出主体：描述细节特征

在视频创作的世界里，每个场景都是一个独立的故事，由一个或多个核心元素——即主体来驱动。主体和主题是相互依存的，一个有力的主体可以帮助表达和强化主题，而一个深刻的主题可以提升主体的表现力。

主体（或主题）不仅能够为视频注入灵魂，还为观众提供了视觉焦点和情感共鸣的源泉。表7-1为常见的视频主体（或主题）示例。

表7-1 常见的视频主体（或主题）示例

| 类 别 | 常见的视频主体（或主题）示例 |
| --- | --- |
| 人物 | 名人、模特儿、演员、公众人物 |
| 动物 | 宠物（猫、狗）、野生动物、地区标志性动物 |
| 自然景观 | 山脉、海滩、森林、瀑布 |
| 城市风光 | 城市天际线、地标建筑、街道、广场 |
| 交通工具 | 汽车、飞机、火车、自行车、船只 |
| 食物和饮料 | 美食制作过程、餐厅美食、饮料调制 |
| 产品展示 | 电子产品、时尚服饰、化妆品、家居用品 |
| 教育内容 | 教学视频、讲座、实验演示、技能培训 |
| 娱乐和幽默 | 搞笑短片、喜剧表演、魔术表演 |
| 运动和健身 | 体育赛事、健身教程、运动员训练 |
| 音乐和舞蹈 | 音乐视频、现场演出、舞蹈表演 |
| 艺术和文化 | 艺术作品展示、文化节庆、历史遗迹介绍 |
| 游戏和电子竞技 | 电子游戏玩法、电子竞技比赛、游戏评测 |
| 抽象和概念 | 表达抽象概念的视觉元素 |
| 商业和广告 | 商业宣传、广告、品牌推广 |
| 幕后制作 | 电影、电视节目、音乐视频的制作过程 |
| 旅行和探险 | 旅行日志、探险活动、文化体验 |

上述这些主体或主题不仅丰富了视频的内容，也为用户提供了广阔的创作空间。通过巧妙地结合这些主体或主题，用户可以构建出多样化的视频场景，讲述各种引人入胜的故事，满足不同观众的期待和喜好。

例如，下面这段AI视频的主体是一位女生，展现了女生甜美的微笑、乌黑亮丽带有光泽的头发、精致细腻的妆容及装满鲜花的车，效果如图7-19所示。

图7-19 效果欣赏

下面介绍在即梦AI中通过描述主体细节特征来生成视频的操作方法。

步骤 1　进入"视频生成"页面，在"文本生视频"选项卡中输入相应的提示词，对主体的细节特征进行详细描述，用于指导AI生成特定的视频，如图7-20所示。

图7-20 输入相应的提示词

步骤 2　单击"生成视频"按钮，即可开始生成视频，并显示生成进度，如图7-21所示。

步骤 3　稍等片刻，即可生成相应的视频效果，单击视频预览窗口右下角的 按钮，如图7-22所示，即可全屏预览视频。

图 7-21　显示生成进度　　　　　图 7-22　单击相应按钮

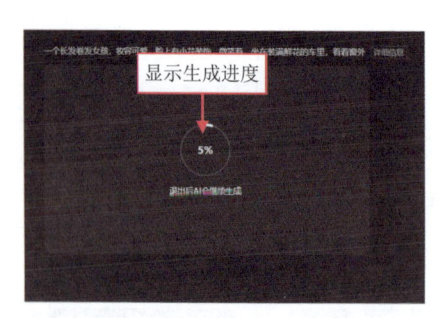

步骤 4　单击视频预览窗口右上角的"收藏"按钮☆，如图7-23所示，即可收藏视频。

步骤 5　单击视频预览窗口右上角的"下载"按钮⬇，如图7-24所示，即可下载视频。

图 7-23　单击"收藏"按钮　　　　图 7-24　单击"下载"按钮

**小贴士**

需要注意的是，普通用户下载的视频会带有即梦AI的文字水印，用户可以开通即梦AI会员，下载无水印的视频效果。

## 7.2.2　视频场景：打造生动效果

在AI视频的提示词中，用户可以详细地描绘一个特定的场景，这不仅包括场景的物理环境，还涵盖了情感氛围、色彩调性、光线效果及动态元素。通过精心设计的提示词，AI能够生成与用户构想相匹配的视频内容。

例如，在下面这段AI视频中，主体是"河流"，同时还用到了很多有关场景设置的提示词，如"清澈见底""丁达尔效应""清晨的第一缕阳光"，效果如图7-25所示。

图 7-25 效果欣赏

下面介绍在即梦AI中通过描述视频场景来打造生动效果的操作方法。

步骤 1　进入"视频生成"页面，在"文本生视频"选项卡中输入相应的提示词，对视频场景进行详细的描述，用于指导AI生成特定的视频，如图7-26所示。

图 7-26　输入相应的提示词

步骤 2　在"基础设置"选项区中选择4∶3选项，设置视频尺寸，单击"生成视频"按钮，即可开始生成视频，并显示生成进度，如图7-27所示。

步骤 3　稍等片刻，即可生成相应的视频效果，同时可以单击视频上方的"满意"按钮 👍 或"不满意"按钮 👎，根据自己的满意度进行反馈，如图7-28所示。

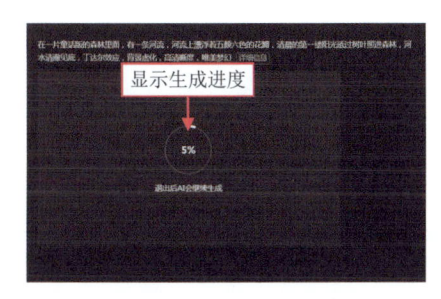

图 7-27　显示生成进度　　　　图 7-28　对视频效果进行反馈

### 7.2.3 描述细节：精准重现效果

在AI视频生成的过程中，提示词是引导AI理解和创作视频内容的关键。精心构建的提示词至关重要，它们能够为AI提供丰富的信息，帮助其精确捕捉并重现用户心中的场景、人物或物体。表7-2为一些可以包含在提示词中的视觉细节。

表7-2 提示词中的视觉细节

| 类 别 | | 视觉细节示例 |
| --- | --- | --- |
| 场景特征细节 | 环境背景 | 可以是宁静的海滩、繁忙的都市街道、古老的城堡内部或遥远的外星世界 |
| | 色彩氛围 | 描述场景的整体色彩，如温暖的日落色调、冷冽的冬季蓝或充满活力的春天绿 |
| | 光线条件 | 光线可以是柔和的晨光、刺眼的正午阳光或昏暗的室内灯光 |
| 人物特征细节 | 外观描述 | 包括人物的发型、服装风格、面部特征等 |
| | 表情细节 | 人物的表情可以是快乐、悲伤、惊讶或深思，这些表情将影响人物的情感传达 |
| | 动作特点 | 人物的动作可以是优雅的舞蹈、紧张的奔跑或平静的站立等 |
| 物体特征细节 | 形状和大小 | 物体可以是圆形、方形或不规则的形状，大小可以是小巧精致或庞大壮观 |
| | 颜色和纹理 | 物体的颜色可以是鲜艳夺目或柔和淡雅，纹理可以是光滑、粗糙或有特殊图案 |
| | 功能和用途 | 描述物体的功能，如一辆快速的赛车、一件实用的工具或一件装饰艺术品等 |
| 动态元素细节 | 运动轨迹 | 物体或人物的运动轨迹，如直线移动、曲线旋转或不规则跳跃 |
| | 速度变化 | 运动的速度可以是快速、缓慢或有节奏的加速和减速 |

通过这些详细的视觉细节提示词，AI能够生成符合用户期望的视频内容，不仅在视觉上吸引人，而且在情感上容易与观众产生共鸣。这种高度定制化的视频创作方式，使得AI成为一个强大的创意工具，适用于各种视频制作需求。

例如，下面这段AI视频中展现了"古老的乡村""秋风瑟瑟""云雾缭绕""苍老高大的柿子树"等大量视觉细节元素，呈现出一个和谐而生动的自然与人文景观效果，如图7-29所示。

下面介绍在即梦AI中通过描述视觉细节来生成视频的操作方法。

步骤 1 进入"视频生成"页面，在"文本生视频"选项卡中输入相应的提示词，用于指导AI生成特定的视频，如图7-30所示。

图 7-29 效果欣赏

步骤 2　单击"生成视频"按钮，即可开始生成视频，并显示生成进度，稍等片刻，即可生成相应的视频效果，如图7-31所示。

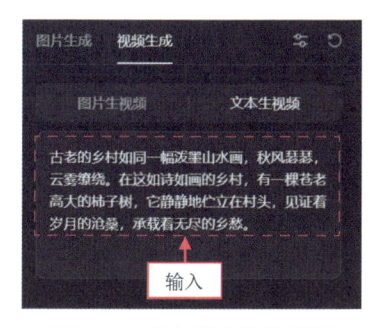

图 7-30　输入相应的提示词　　　　图 7-31　生成相应的视频效果

## 7.2.4　丰富主体：描述动作与情感

在AI视频生成的提示词中，详细描述人物、动物或物体的动作和活动是至关重要的，因为这些动态元素能够为视频场景注入生命力，创作出引人入胜的故事。

在AI视频创作的世界里，提示词的作用就像是一位导演，指导着场景中每一个动作和活动的展开。下面是一些可以包含在提示词中的动作和情感描述，用于丰富视频内容并增强动态感，见表7-3。

表7-3　提示词中的动作和情感描述

| 类　别 | | 动作和情感描述示例 |
| --- | --- | --- |
| 人物动作 | 行走 | 人物在繁忙的街道上快步行走，或是在宁静的森林小径上悠闲漫步 |
| | 踏雪 | 在冬日的雪地中，人物的每一步都留下深深的足迹，呼出的气息在冷空气中形成白雾 |
| | 探索 | 人物以好奇的眼光观察周围环境，或是在未知的领域中小心翼翼地前行 |
| 动物活动 | 奔跑 | 野生动物在广阔的草原上自由奔跑，展示它们的速度和力量 |

101

续上表

| 类别 | | 动作和情感描述示例 |
|---|---|---|
| 动物活动 | 觅食 | 鸟类在森林中轻巧地跳跃，寻找食物，或是鱼儿在水中灵活地游动觅食 |
| | 嬉戏 | 海豚在海浪中欢快地跳跃，或是小狗在草地上追逐 |
| 物体动态 | 拍打海浪 | 海浪不断拍打着岸边的岩石，发出响亮而节奏感强烈的声响 |
| | 旋转 | 山顶的风车在微风中缓缓旋转，或是摩天轮在夜幕下闪烁着灯光 |
| | 飘动 | 旗帜在风中飘扬，或是树叶在秋风中缓缓飘落 |
| 特定活动 | 跳舞 | 人物在舞会上随着音乐的节奏优雅起舞，或是在街头随着节拍自由舞动 |
| | 运动 | 运动员在赛场上挥洒汗水，进行激烈的比赛，或是在健身房中进行力量训练 |
| | 工作 | 工匠在工作室中精心制作艺术品，或是农民在田野里辛勤耕作 |
| 情感表达 | 欢笑 | 孩子们在游乐场上欢笑玩耍，或是朋友们在聚会中开心交谈 |
| | 沉思 | 人物在安静的图书馆内沉思阅读，或是在夜晚的阳台上凝望星空 |
| 情感氛围 | 情感基调 | 视频传达的情感可以是温馨、紧张、神秘或激励人心 |
| | 氛围营造 | 通过音乐、声音效果和视觉元素共同营造特定的氛围 |
| 环境互动 | 与自然互动 | 人物在花园中与蝴蝶共舞，或是在山涧中戏水 |
| | 与城市互动 | 人物在城市中穿梭，与不同的建筑和环境互动，体验城市的活力 |

通过这些详细的动作和活动描述，AI能够生成具有丰富动态元素的视频，让观众感受到场景的活力和情感。这样的视频不仅仅是视觉上的享受，更能引起情感上的共鸣，能够讲述一个个生动而真实的故事。通过这种描述方式，AI能够为用户提供一个高度动态和情感丰富的视频创作体验，无论是用于讲述故事、记录生活还是展示产品，都能够创作出具有吸引力和感染力的视频作品。

例如，在下面这段AI视频中，宇航员在太空中缓步移动的动态场景，与充满生机的花丛相结合，营造出一种特殊的浪漫氛围，如图7-32所示。

图 7-32 效果欣赏

下面介绍在即梦AI中通过描述主体动作与情感来生成视频的操作方法。

步骤 1 进入"视频生成"页面，切换至"文本生视频"选项卡，输入相应的提示词，用于指导AI生成特定的视频，如图7-33所示。

图 7-33　输入相应的提示词

步骤 2　单击"生成视频"按钮，即可开始生成视频并显示生成进度，如图7-34所示。

步骤 3　稍等片刻，即可生成相应的视频效果，单击播放按钮▶，或者将鼠标指针移至视频预览窗口中，即可播放视频，如图7-35所示。

图 7-34　显示生成进度　　　　　图 7-35　播放视频效果

### 小贴士

在AI视频的提示词中，可以加入对情感氛围的描述，如浪漫、神秘、紧张或宁静，这有助于AI在视频的色调选择上做出相应的调整。色彩在视频中发挥着至关重要的作用，提示词可以指定主要的色彩方案，如暖色调的日落场景或冷色调的冬夜城市。光线可以极大地影响视频的观感，提示词可以指导AI使用特定的光线效果。例如，用逆光可以突出轮廓，或用侧光增加深度和质感。

视频场景中的动态元素，如行走的人群、飘动的旗帜或飞翔的鸟群，都可以通过提示词来设定，以增加视频的活力和真实感。不过，如果描述的细节太多，AI可能会忽视某些元素，如上面的视频中就没有出现"树叶在空中旋转、飘舞的优雅姿态"这个场景。另外，提示词还可以包含叙事元素，如场景中发生的事件、角色之间的对话或特定的情节发展，这些都是构建视频叙事结构的关键。

## 7.2.5 增强效果：指定技术与风格

在AI视频的生成过程中，提示词不仅指导了AI模型的算法处理和技术实现，还定义了视频的整体风格和氛围，从而满足了用户的个性化需求，并提升了视频作品的质量，影响最终的视觉呈现。在AI视频的提示词中，用户可以细致地指定各种摄影视角和技巧，这些选择将极大地增强场景的吸引力和视觉冲击力。下面是一些可以用于增强视频吸引力的技术和风格提示词，见表7-4。

表7-4　技术和风格提示词

| 类别 | | 技术和风格示例 |
| --- | --- | --- |
| 摄影视角和技巧 | 低相机视角 | 通过将相机置于低处，创造出宏伟壮观的视觉效果，强调主体的高大和力量 |
| | 无人机拍摄 | 利用无人机从空中捕捉场景，提供宽阔的视角和令人震撼的航拍画面 |
| | 广角拍摄 | 使用广角镜头捕捉更广阔的视野，增加场景的深度和空间感 |
| | 高动态范围 | 通过HDR（high dynamic range）技术，增强画面的明暗细节，使色彩更加丰富，对比更加鲜明 |
| 分辨率和帧率 | 高分辨率 | 指定视频的分辨率，如4K或8K，以确保图像的极致清晰度和细节表现力 |
| | 高帧率 | 设定视频的帧率，如60帧每秒或更高，以获得流畅的动态效果，特别适合动作场面和需要慢动作回放的场景 |
| 摄影技术 | 创意摄影 | 采用创意摄影技术，比如使用慢动作来强调情感瞬间，或延时摄影来展示时间的流逝 |
| | 全景拍摄 | 利用360度全景拍摄技术，为观众提供沉浸式的视频体验，尤其适用于自然景观和大型活动 |
| | 运动跟踪 | 使用运动跟踪摄影技术，捕捉快速移动物体的清晰画面，适用于体育赛事或动作场景 |
| | 景深控制 | 通过控制景深，创造出不同的视觉效果，如浅景深突出主体，或大景深展现环境 |

续上表

| 类别 | | 技术和风格示例 |
|---|---|---|
| 艺术风格 | 3D与现实结合 | 融合三维（three dimensional，3D）动画和实景拍摄，创造出既真实又梦幻的视觉效果 |
| | 35 mm胶片拍摄 | 模仿传统35 mm胶片的质感和色彩，为视频带来复古和文艺的气息 |
| | 动画 | 采用动画技术，如二维（two dimensional，2D）或3D动画，为视频增添无限的想象空间和创意表达 |
| 特效风格 | 电影风格 | 应用电影级别的色彩分级和调色，使视频具有专业和戏剧性的外观 |
| | 抽象艺术 | 使用抽象的视觉元素和动态效果，创造出引人入胜的艺术作品 |
| | 未来主义 | 通过前卫的特效和设计，展现未来世界的科技感和创新精神 |
| 后期处理 | 色彩校正 | 进行专业的色彩校正，以确保视频色彩的真实性和视觉冲击力，增强情感表达 |
| | 特效添加 | 根据视频内容和风格，添加适当的视觉特效，如粒子效果、镜头光晕或动态背景，以增强视觉效果 |
| | 节奏控制 | 根据视频的节奏和情感变化，运用剪辑技巧，如跳切、交叉剪辑或慢动作重放，以增强叙事动力 |

通过这些详细的技术和风格提示词，AI能够生成具有高度创意和专业水准的视频内容，满足用户的艺术愿景，并为观众带来引人入胜的视觉体验。例如，下面这段AI视频中，通过多种摄影技术和创意手法，如"延时摄影""广角拍摄""全景拍摄""镜头光晕"等，讲述了一个关于草原自然之美和时间流逝的故事，效果如图7-36所示。

图 7-36　效果欣赏

下面介绍在即梦AI中通过描述技术和风格来生成视频的操作方法。

步骤 1　进入"视频生成"页面，切换至"文本生视频"选项卡，输入相应的提示词，用于指导AI生成特定的视频，如图7-37所示。

步骤 2　单击"生成视频"按钮，即可开始生成视频，并显示生成进度，如图7-38所示。

105

图 7-37　输入相应的提示词

**步骤 3** 稍等片刻，即可生成相应的视频效果，单击"重新编辑"按钮，如图7-39所示，可以对提示词和生成参数进行修改，从而生成更符合用户期望的视频效果。

图 7-38　显示生成进度　　　　　　　图 7-39　单击"重新编辑"按钮

# 第 8 章
# 图生视频：静态转化

在数字媒体和内容创作的世界里，AI视频生成技术正以其革命性的力量，改变着我们对视觉叙事的理解。本章将深入探讨即梦AI的图生视频功能，向大家展示如何利用人工智能技术，将静态图像转化为生动的视频内容。

## 8.1 上传图片：生成视频效果

在AI图生视频的世界里，将静态图像转化为动态视频的艺术正变得日益丰富和容易。随着人工智能技术的飞速发展，我们现在有多种方法来实现这一创造性的转换。本节主要介绍即梦AI平台上的3种图生视频方式：单图快速实现图生视频、图文结合实现图生视频，以及使用尾帧实现图生视频。

### 8.1.1 参考图片：快速生成视频

单图快速实现图生视频是一种高效的AI视频生成技术，它允许用户仅通过一张静态图片迅速生成视频内容。这种方法非常适合需要快速制作动态视觉效果的场合，无论是社交媒体的短视频，还是在线广告的快速展示，都能轻松实现。

例如，下面是根据一张气垫船图片生成的一个流畅的AI视频，其中气垫船在海浪中随波漂荡，效果如图8-1所示。

图 8-1 效果欣赏

下面介绍在即梦AI中上传参考图片快速生成视频的操作方法。

步骤 1 进入"视频生成"页面，在"图片生视频"选项卡中单击"上传图片"按钮，如图8-2所示。

步骤 2 执行操作后，弹出"打开"对话框，选择相应的参考图，如图8-3所示。

步骤 3 单击"打开"按钮，即可上传参考图，如图8-4所示。

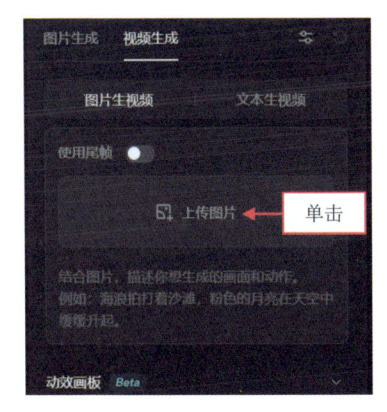

图 8-2　单击"上传图片"按钮　　　　图 8-3　选择相应的参考图

步骤 4　单击"生成视频"按钮，即可开始生成视频，并显示生成进度，稍等片刻，即可生成相应的视频效果，如图8-5所示。

图 8-4　上传参考图　　　　　　　　图 8-5　生成相应的视频效果

## 8.1.2　图文结合：综合创作效果

图文结合实现图生视频是一种更为综合的创作方式，它不仅利用了图像的视觉元素，还结合了文字描述来增强视频的叙事性和表现力。这种方法为用户提供了更大的创作自由度，使他们能够通过文字引导AI生成更加丰富和个性化的视频内容，效果如图8-6所示。

下面介绍在即梦AI中结合图文生成视频的操作方法。

步骤 1　进入"视频生成"页面，在"图片生视频"选项卡中单击"上传图片"按钮，弹出"打开"对话框，选择相应的参考图，如图8-7所示。

步骤 2　单击"打开"按钮，即可上传参考图，输入相应的提示词，用于指导AI生成特定的视频，如图8-8所示。

109

图 8-6　效果欣赏

图 8-7　选择相应的参考图　　　图 8-8　输入相应的提示词

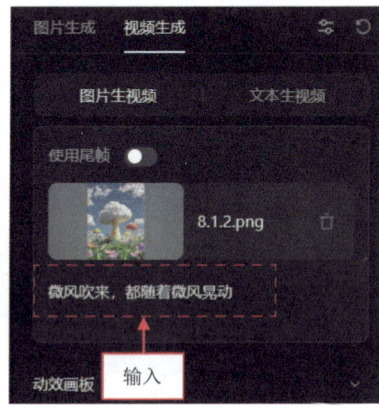

步骤 3　单击"生成视频"按钮，即可开始生成视频，并显示生成进度，如图8-9所示。

步骤 4　稍等片刻，即可生成相应的视频效果，如图8-10所示。

图 8-9　显示生成进度　　　图 8-10　生成相应的视频效果

## 8.1.3 首帧尾帧：动态过渡效果

使用尾帧实现图生视频是一种高级技术，它通过定义视频的起始帧（首帧）和结束帧（尾帧），让AI在两者之间生成平滑的过渡和动态效果。这种方法为用户提供了精细控制视频动态过程的能力，尤其适合制作复杂的视频，效果如图8-11所示。

图 8-11　效果欣赏

下面介绍在即梦AI中通过首帧和尾帧生成视频的操作方法。

步骤 1　进入"视频生成"页面，在"图片生视频"选项卡中单击"上传图片"按钮，弹出"打开"对话框，选择相应的参考图，如图8-12所示。

步骤 2　单击"打开"按钮，即可上传参考图，如图8-13所示，作为AI视频的起始帧。

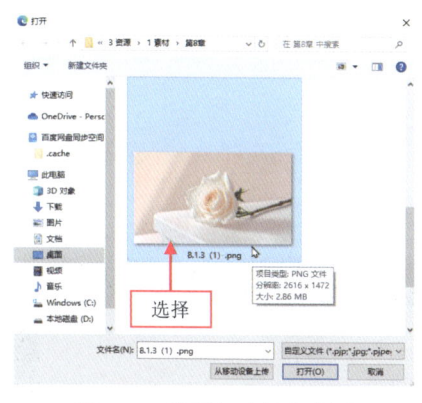

图 8-12　选择相应的参考图　　　　图 8-13　上传参考图

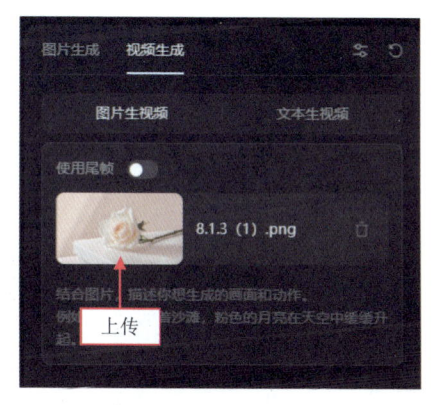

步骤 3　开启"使用尾帧"功能，如图8-14所示，尾帧允许用户精确定义视频结束时的明确画面，给予对视频最终视觉效果的完全控制。

步骤 4　单击"上传尾帧图片"按钮，如图8-15所示，上传一张参考图，作为AI视频的结束帧。

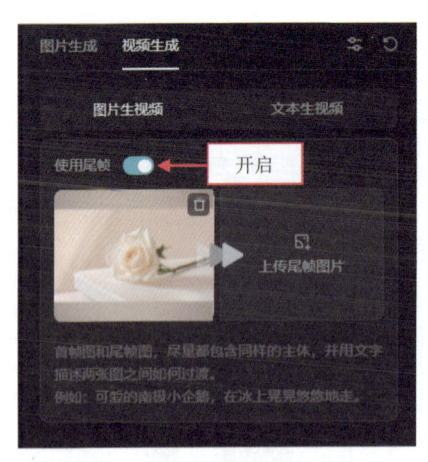

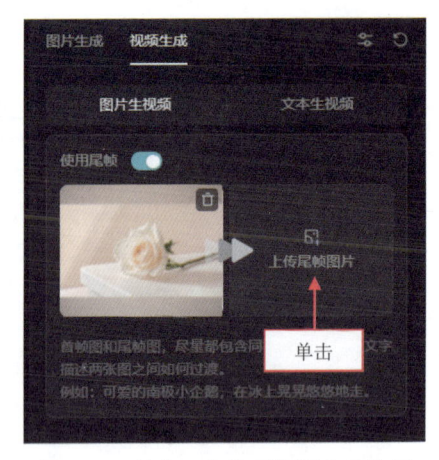

图 8-14　开启"使用尾帧"功能　　　　图 8-15　单击"上传尾帧图片"按钮

> **小贴士**
>
> 在即梦AI平台中，尾帧可以与起始帧配合使用，让AI自动生成中间帧，从而简化视频动画的制作流程。同时，使用尾帧可以创建平滑的过渡效果，比如物体从画面的一边移动到另一边，或者场景的变化。
>
> 另外，在叙述故事的视频内容中，尾帧可以用来设置一个戏剧性的结尾，为故事提供一个强烈的视觉冲击。在视觉效果密集的视频项目中，尾帧还可以帮助实现复杂的视觉变化，如爆炸、烟雾消散等。

步骤 5　输入相应的提示词，用于指导AI生成特定的视频，如图8-16所示。

步骤 6　单击"生成视频"按钮，即可开始生成视频，并显示生成进度，稍等片刻，即可生成相应的视频效果，如图8-17所示。

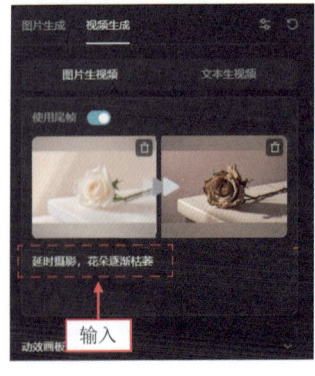

图 8-16　输入相应的提示词　　　　图 8-17　生成相应的视频效果

## 8.2 编辑工具：设置视频属性

即梦AI平台提供了一系列的工具和功能，使用户能够轻松地编辑和生成专业级别的视频。本节主要介绍编辑与设置视频属性的方法，具体内容包括设置视频的运镜方式、再次生成视频效果、设置视频画布的运动速度等。

### 8.2.1 运镜控制：默认随机方式

随机运镜是指在视频拍摄或制作过程中，镜头的运动不是按照预先设定的路径或模式进行，而是根据一定的概率或随机性原则来决定镜头的方向、速度和类型。随机运镜可以为视频增添一种不可预测性和自然感，有时也用来模拟真实世界中人们视线的自然移动或反应，效果如图8-18所示。

图 8-18 效果欣赏

下面介绍在即梦AI中设置随机运镜方式的操作方法。

步骤 1  进入"视频生成"页面中的"图片生视频"选项卡，单击"上传图片"按钮，弹出"打开"对话框，选择相应的参考图，如图8-19所示。

步骤 2  单击"打开"按钮，即可上传参考图，输入相应的提示词，用于指导AI生成特定的视频，如图8-20所示。

步骤 3  展开"运镜控制"选项区，默认选择"随机运镜"选项，如图8-21所示，使视频生成随机的运镜效果。

步骤 4  单击"生成视频"按钮，即可开始生成视频，并显示生成进度，稍等片刻，即可生成相应的视频效果，如图8-22所示。

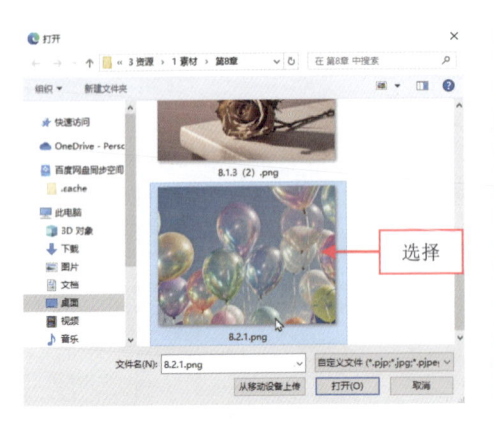

图 8-19 选择相应的参考图　　图 8-20 输入相应的提示词

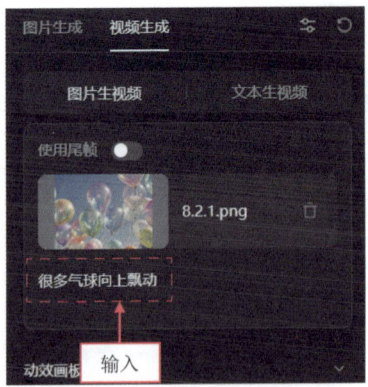

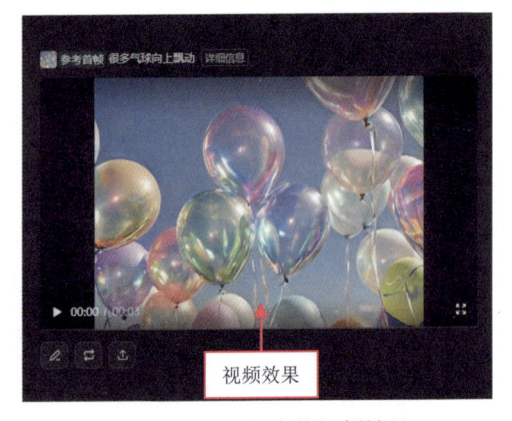

图 8-21 默认选择"随机运镜"选项　　图 8-22 生成相应的视频效果

> **小贴士**
>
> 随机运镜为用户提供了更大的创造性空间，视频制作者可以利用这种技术创造出独特的视觉效果。由于镜头运动的随机性，观众无法预测下一个镜头将会如何变化，这可以增加观看的悬念和兴趣。在某些情况下，随机运镜可以更好地模拟现实世界中人们观察事物的方式，因为人类的注意力转移往往是随机和无规律的。

## 8.2.2 推进变焦：逐渐放大画面

推近运镜是一种在视频制作中广泛使用的技巧，它通过将镜头逐渐向拍摄对象靠近，使得画面的取景范围逐渐缩小，对象在画面中逐渐放大。推近运镜能够引导观众的视线，从宽阔的场景聚焦到特定的细节或人物，让观众更深入地感受到角色的内心世界，同时增强情感氛围的表现力，效果如图8-23所示。

图 8-23　效果欣赏

## 小贴士

推近运镜通过逐步减少画面的取景范围，将观众的注意力集中到画面中的主体上。随着次要元素逐渐移出画面，主要对象逐渐占据视觉中心，从而突出主体或重点形象。这种形式上的接近不仅能够引导观众的视线，还通过画面结构的中心位置，给予观众一个鲜明的视觉印象。

下面介绍在即梦AI中设置推近运镜方式的操作方法。

步骤 1　进入"视频生成"页面中的"图片生视频"选项卡，单击"上传图片"按钮，弹出"打开"对话框，选择相应的参考图，如图8-24所示。

步骤 2　单击"打开"按钮，即可上传参考图，输入相应的提示词，用于指导AI生成特定的视频，如图8-25所示。

图 8-24　选择相应的参考图　　　图 8-25　输入相应的提示词

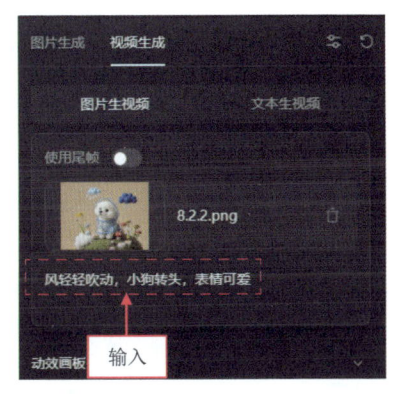

第 8 章　图生视频：静态转化

115

步骤 3　❶单击"随机运镜"按钮；❷在弹出的"运镜控制"面板中单击"变焦"右侧的🔍按钮；❸单击"应用"按钮，如图8-26所示，使镜头逐渐靠近拍摄对象。

步骤 4　单击"生成视频"按钮，即可开始生成视频，并显示生成进度，稍等片刻，即可生成相应的视频效果，如图8-27所示。

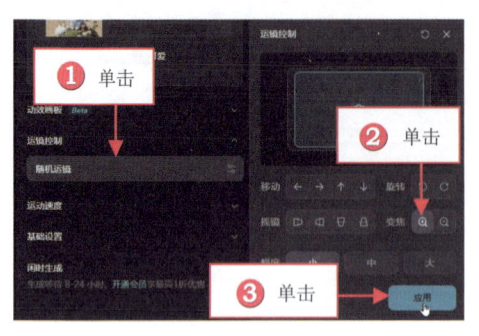

图 8-26　单击"应用"按钮　　　　图 8-27　生成相应的视频效果

### 小贴士

推近运镜能够从较大的画面范围开始，逐渐聚焦到某个细节，通过这种视觉变化引导观众注意到这一细节。推近运镜弥补了单一特写画面的不足，使观众能够看到整体与细节的关系。另外，推近运镜还能够在一个连续的镜头中实现景别的不断变化，保持了画面时空的统一和连贯性，避免了蒙太奇组接可能带来的画面时空转换的断裂感。

## 8.2.3　拉远变焦：拉远运镜方式

拉远运镜是指镜头逐渐远离拍摄对象，或者通过改变镜头焦距来增加与拍摄对象的距离，从而在视觉上创造出一种从主体向背景或环境扩展的效果。拉远运镜可以让镜头形成视觉上的后移效果，帮助观众理解主体与环境之间的关系，效果如图8-28所示。

下面介绍在即梦AI中使用拉远运镜方式生成视频的操作方法。

步骤 1　进入"视频生成"页面中的"图片生视频"选项卡，单击"上传图片"按钮，弹出"打开"对话框，选择相应的参考图，如图8-29所示。

步骤 2　单击"打开"按钮，即可上传参考图，输入相应的提示词，用于指导AI生成特定的视频，如图8-30所示。

图 8-28　效果欣赏

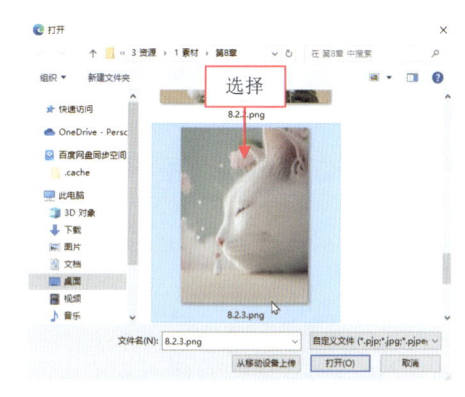

图 8-29　选择相应的参考图　　　图 8-30　输入相应的提示词

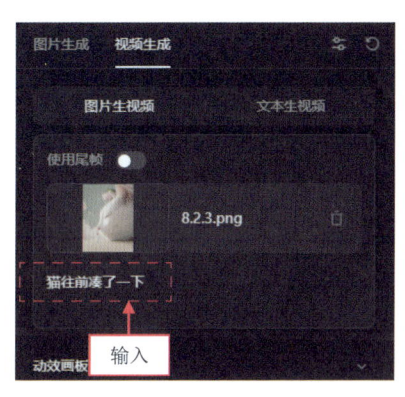

> **小贴士**
>
> 　　拉远运镜有助于展示主体周围的环境，由小变大，让观众看到更广阔的场景。通过拉远运镜，可以更好地表现主体与其环境的空间关系，有助于观众对场景空间的感知。拉远运镜还可以产生特定的情感反应，如距离感或孤独感，这取决于场景的内容。

　　步骤 3　❶单击"随机运镜"按钮；❷在弹出的"运镜控制"面板中单击"变焦"右侧的 🔍 按钮；❸单击"应用"按钮，如图8-31所示，使镜头逐渐远离拍摄对象。

　　步骤 4　单击"生成视频"按钮，即可开始生成视频，并显示生成进度，

117

稍等片刻，即可生成相应的视频效果，如图8-32所示。

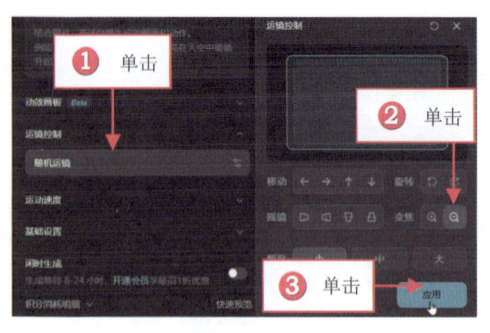

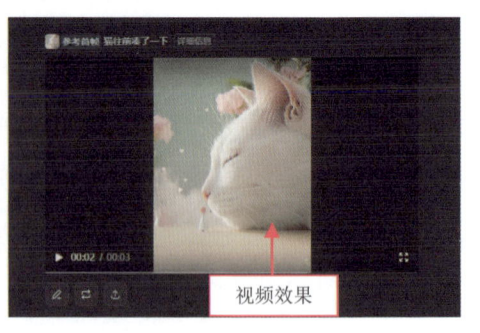

图 8-31 单击"应用"按钮　　　　　图 8-32 生成相应的视频效果

> **小贴士**
>
> 拉远运镜是一种非常灵活的视频拍摄手法，能够根据导演的创意意图和故事叙述的需要，创造出丰富的视觉效果和情感表达。拉远运镜还可以用作场景转换的手段，通过拉出当前场景到另一个完全不同的环境或时间点。另外，拉远运镜常被用作结束性和结论性的镜头，为场景或故事段落提供一个总结性的视觉效果。

## 8.2.4 再次生成：调整视频效果

在AI视频的创作和编辑过程中，我们时常会遇到需要对现有视频进行重新制作或调整的情况。无论是为了改进视频质量、修正错误，或是尝试新的创意方向，再次生成视频都成为一个不可或缺的过程。利用即梦AI的"再次生成"功能，可以满足用户对视频内容的高标准和个性化需求，效果如图8-33所示。

下面介绍在即梦AI中再次生成视频的操作方法。

步骤 1　进入"视频生成"页面中的"图片生视频"选项卡，单击"上传图片"按钮，弹出"打开"对话框，选择相应的参考图，如图8-34所示。

步骤 2　单击"打开"按钮，即可上传参考图，如图8-35所示。

步骤 3　单击"生成视频"按钮，即可开始生成视频，并显示生成进度，如图8-36所示。

步骤 4　稍等片刻，即可生成相应的视频效果，单击相应按钮，如图8-37所示。

图 8-33　效果欣赏

图 8-34　选择相应的参考图

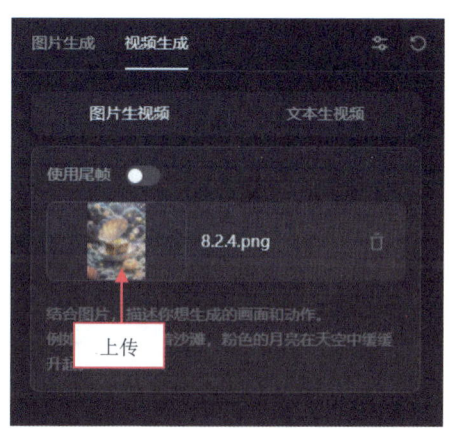

图 8-35　上传参考图

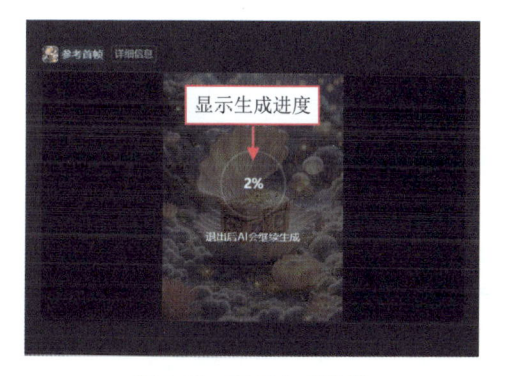

图 8-36　显示生成进度

图 8-37　单击相应按钮

第 8 章　图生视频：静态转化

119

步骤 5　执行操作后，即可重新生成视频效果，如图8-38所示。

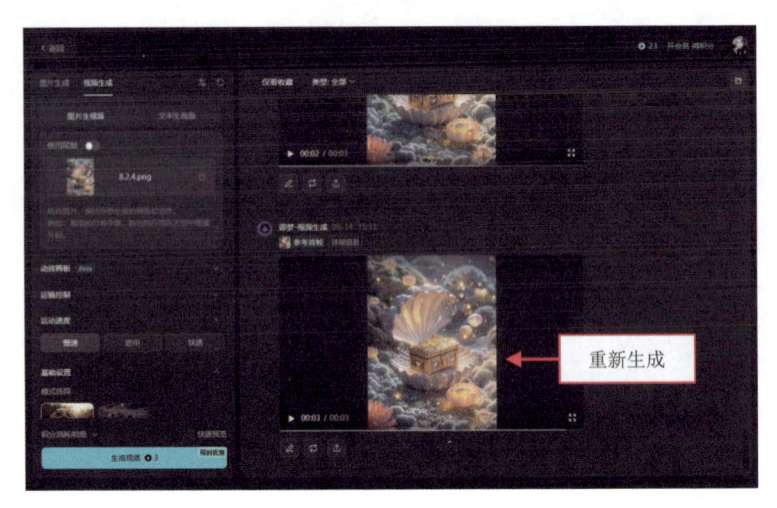

图 8-38　重新生成视频效果

## 8.2.5　运动速度：控制画面变换

在即梦AI平台中生成AI视频时，"运动速度"是一个重要的选项，它允许用户控制视频中动作和场景变换的速度，效果如图8-39所示。

图 8-39　效果欣赏

下面介绍在即梦AI中设置视频运动速度的操作方法。

步骤 1　进入"视频生成"页面中的"图片生视频"选项卡，单击"上传图片"按钮，弹出"打开"对话框，选择相应的参考图，如图8-40所示。

步骤 2　单击"打开"按钮，即可上传参考图，如图8-41所示。

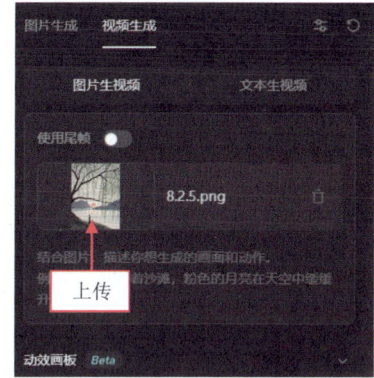

图 8-40　选择相应的参考图　　　　　图 8-41　上传参考图

步骤 3　❶单击"随机运镜"按钮；❷在弹出的"运镜控制"面板中单击"变焦"右侧的 🔍 按钮；❸单击"应用"按钮，如图8-42所示，使镜头逐渐远离拍摄对象。

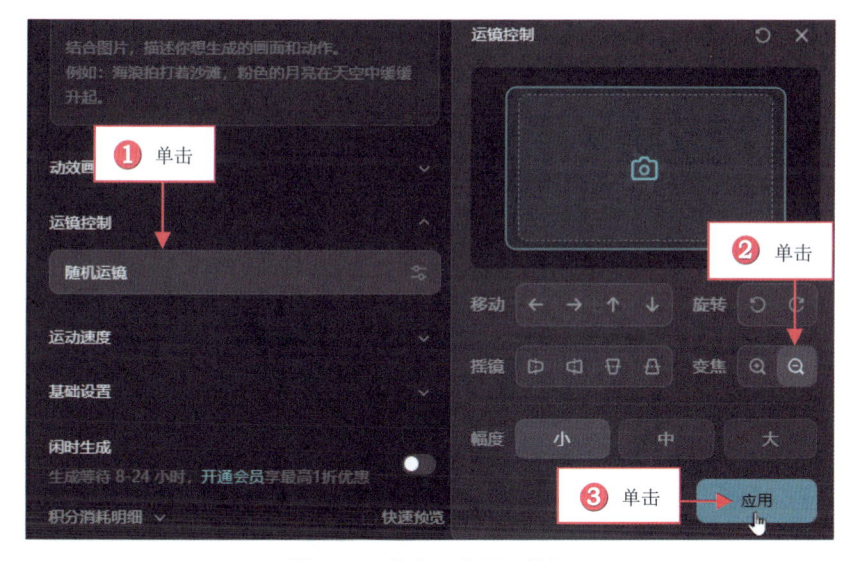

图 8-42　单击"应用"按钮

步骤 4　在下方设置"运动速度"为"快速"，如图8-43所示，表示视频画面快速播放。

步骤 5　单击"生成视频"按钮，即可开始生成视频，并显示生成进度，稍等片刻，即可生成相应的视频效果，如图8-44所示。

121

图 8-43　设置运动速度　　　　　图 8-44　生成相应的视频效果

# 第 9 章
# 故事创作：短片构建

"故事创作"功能是即梦AI平台的一个重要组成部分，它支持用户通过本地上传、生图、生视频等多种操作，通过自由拖动调整素材顺序，从而构建出完整的故事框架。此外，该功能还提供了丰富的AI编辑能力，如运镜控制、速度控制等，让用户能够更加精细地调整和优化故事效果。本章主要用两个案例介绍"故事创作"的各项功能，可以帮助用户更加系统地了解"故事创作"功能，以便用户创造出更多优秀的作品。

## 9.1 图生视频：传统服饰

即梦AI中的"故事创作"功能在图生视频创作短片方面具有高效创作、个性化表达、多样化创作方式及丰富的视频编辑功能等多重作用。无论是专业影视制作、短视频创作还是广告制作等领域，即梦AI的"故事创作"功能都成为用户不可或缺的创作助手。本节主要介绍"故事创作"功能中使用图生视频创作短片的操作步骤，效果如图9-1所示。

图 9-1　效果展示

### 9.1.1　创建分镜：规划故事框架

通过创建分镜，用户既可以清晰地规划出整个故事的框架，包括场景的设置、情节的推进，以及角色之间的互动等，也可以进一步细化这些情节的细节，包括角色的动作、表情、对话及环境的布置等，使得故事更加丰富和生动。下面介绍在即梦AI的故事创作中创建分镜的操作方法。

步骤 1　进入即梦AI首页，在"AI视频"选项区中，单击"故事创作"按钮，如图9-2所示。

步骤 2　执行操作后，即可进入故事创作页面，单击页面下方的"创建空白分镜"按钮，如图9-3所示。

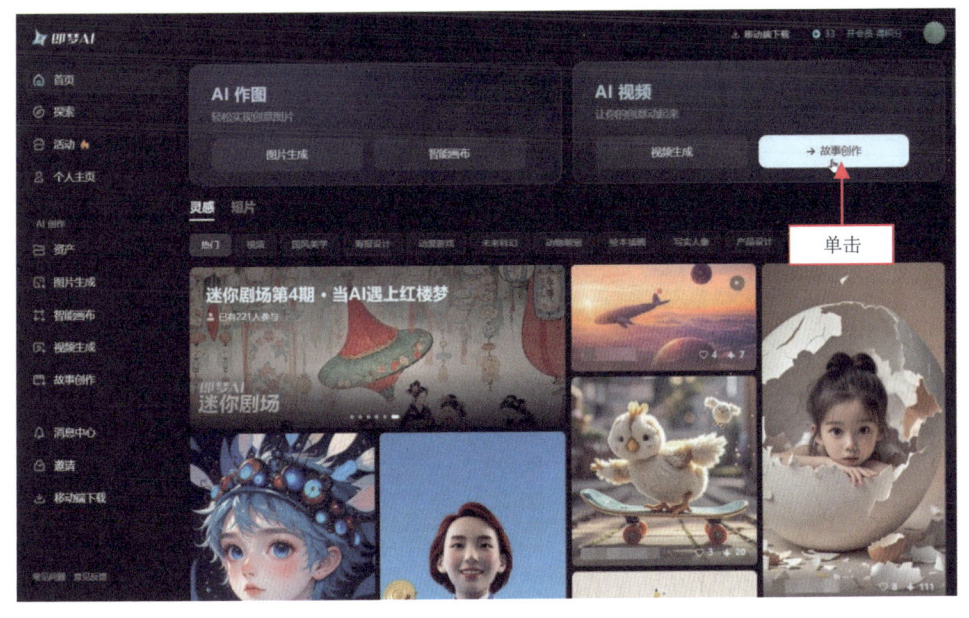

图 9-2 单击"故事创作"按钮

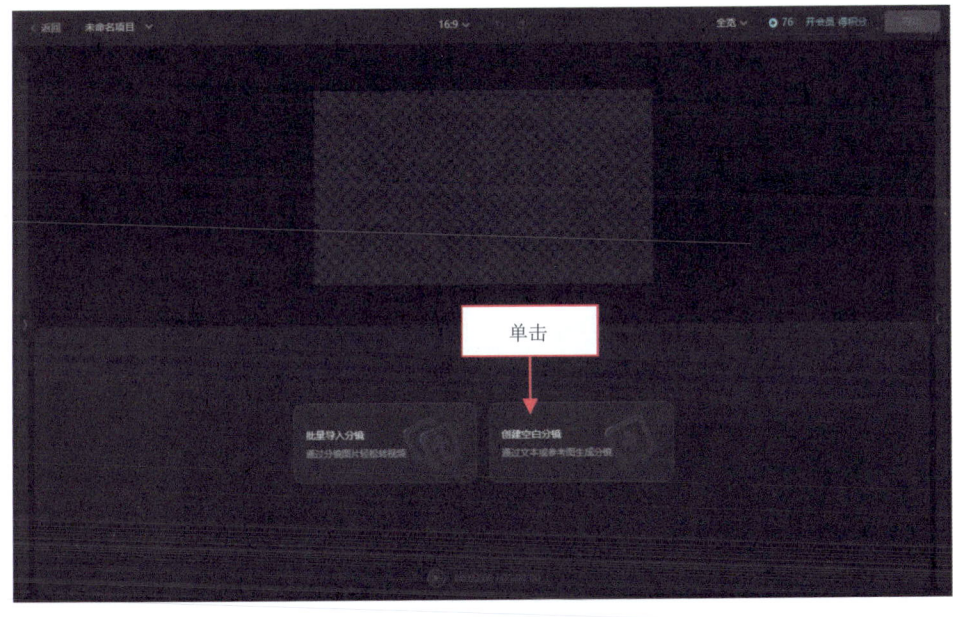

图 9-3 单击"创建空白分镜"按钮

**步骤 3** 执行操作后，即可创建一个名为"分镜1"的选项区，❶在"分镜1"选项区中输入分镜描述；❷单击下方的"做图片"按钮，如图9-4所示。

125

步骤 4　执行操作后，弹出相应面板，在"图片生成"面板中单击"生图模型"右侧的"修改"按钮，如图9-5所示。

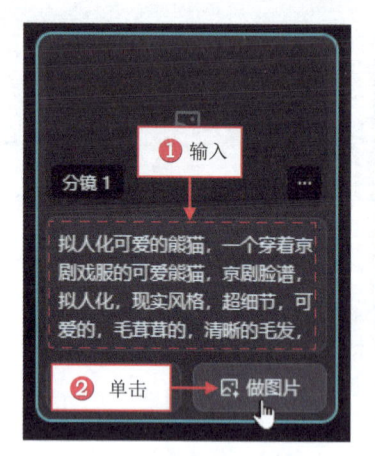

图9-4　单击"做图片"按钮

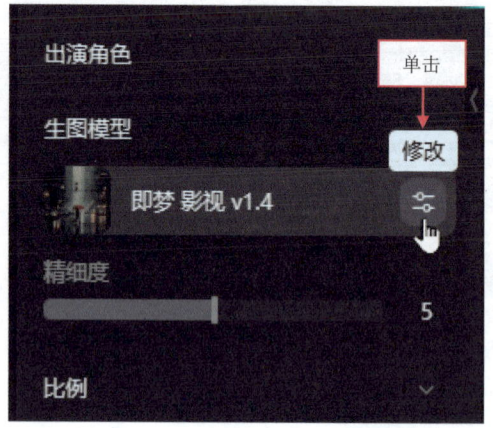

图9-5　单击"修改"按钮

步骤 5　弹出"生图模型"面板，选择"即梦 通用v2.0"选项，如图9-6所示，即可更换成最新的生图模型，使生图效果更加完美。

步骤 6　❶设置"精细度"参数为10，使画面更加清晰；❷设置"比例"为16∶9，将画面设置成横屏比例，如图9-7所示。

图9-6　选择"即梦 通用 v2.0"选项

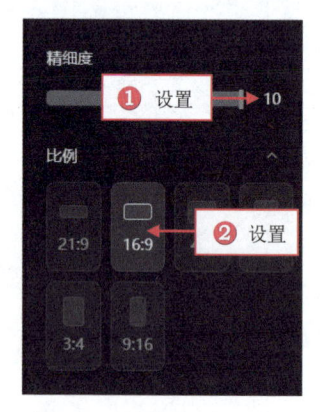

图9-7　设置精细度和比例

步骤 7　单击"立即生成"按钮，执行操作后，在页面右侧弹出相应的面板，在"分镜素材"选项区中会生成4张图片效果，如图9-8所示。

步骤 8　单击所选图片效果右下角的 按钮，在弹出的列表框中选择"下载"选项，如图9-9所示，即可将所选图片下载至电脑中。

126

图 9-8　生成 4 张图片效果　　　　　图 9-9　选择"下载"选项

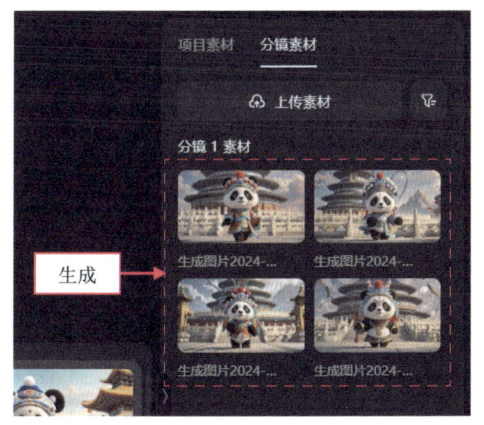

## 9.1.2　参考图片：生成主体风格

在即梦AI的故事创作中，"参考图"功能具有提供创作灵感、保持创作一致性、提升创作效率和激发创作潜能等多重作用。通过参考图片生成主体风格，用户可以跳过烦琐的手绘或建模过程，直接进行后续的编辑和创作。这不仅简化了创作流程，还降低了创作门槛，使更多人能够参与到故事创作中来。参考图片生成主体风格还有助于实现整个故事风格的统一。下面介绍在即梦AI的"故事创作"功能中设置参考图片的操作方法。

步骤 1　在上一例的基础上，单击"创建空白分镜"按钮，如图9-10所示，即可创建一个名为"分镜2"的空白分镜。

图 9-10　单击"创建空白分镜"按钮

127

步骤2 在"图片生成"|"分镜2"选项区中输入相应的提示词，❶单击"导入参考图"右侧的+按钮，弹出相应对话框；❷选择"从本地上传"选项，如图9-11所示。

步骤3 执行操作后，弹出"打开"对话框，选择之前保存的图片，如图9-12所示。

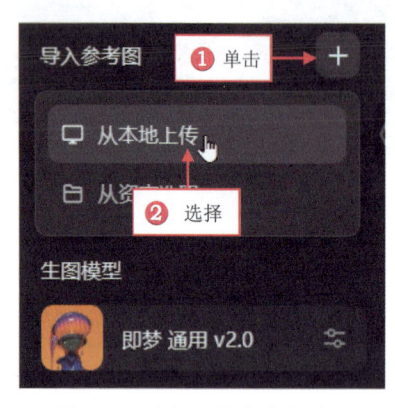

图 9-11　选择"从本地上传"选项（1）

图 9-12　选择之前保存的图片（1）

步骤4 单击"打开"按钮，执行操作后，弹出"参考图"面板，选中"主体"复选框，如图9-13所示，即可自动识别画面中的主体。

步骤5 单击"保存"按钮，即可上传参考主体，❶单击"风格控制"右侧的+按钮，弹出"风格控制"对话框；❷切换至"自定义风格"选项卡；❸单击"立即创建"按钮；❹选择"从本地上传"选项，如图9-14所示。

图 9-13　选中"主体"复选框

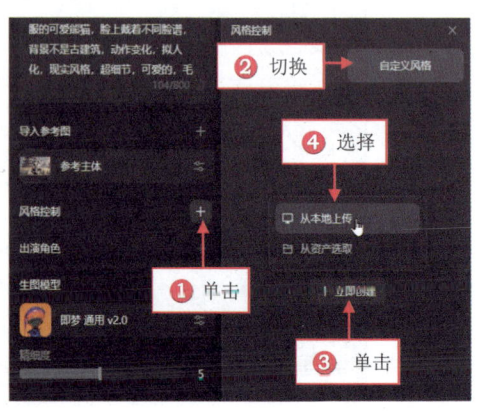

图 9-14　选择"从本地上传"选项（2）

步骤 6　执行操作后，弹出"打开"对话框，选择之前保存的图片，如图9-15所示。

步骤 7　单击"打开"按钮，即可上传图片，单击上传的图片，如图9-16所示。

图 9-15　选择之前保存的图片（2）　　　　图 9-16　单击上传的图片

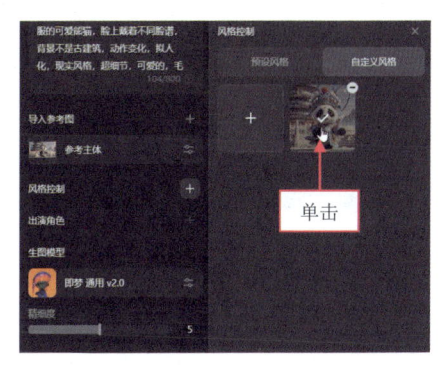

步骤 8　执行操作后，即可添加相应的风格参考图，❶选择"生图模型"为"即梦 通用XL Pro"选项；❷设置"精细度"为10，如图9-17所示。

步骤 9　执行操作后，单击"立即生成"按钮，稍等片刻，在"分镜素材"选项区中会生成4张图片效果，选择合适的图片效果，如图9-18所示。

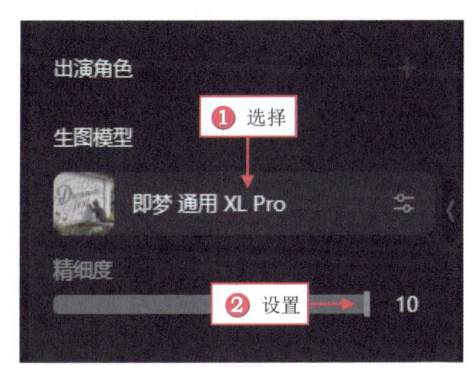

图 9-17　设置精细度　　　　图 9-18　选择合适的图片效果（1）

步骤 10　在"分镜2"上右击，在弹出的快捷菜单中选择"复制"选项，如图9-19所示，即可在"分镜2"后面复制出一个名为"分镜3"的相同分镜。

步骤 11　执行操作后，在"图片生成"面板中调整"分镜3"的部分提示词，更改衣服头饰等描述，使生成的效果有细微差别，如图9-20所示。

步骤 12　执行操作后，单击"立即生成"按钮，即可生成4张图片效果，选择合适的效果图，如图9-21所示。

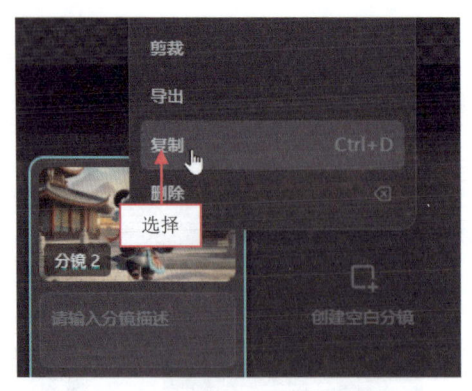

图 9-19　选择"复制"选项　　　　图 9-20　调整提示词

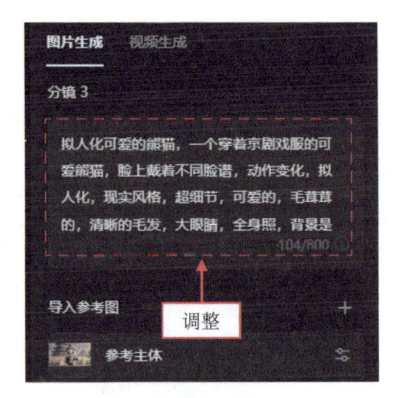

图 9-21　选择合适的图片效果（2）

步骤 13　用与上相同的操作方法，生成分镜4与分镜5的图片效果，如图9-22所示。

> **小贴士**
>
> "复制"功能可以使复制出的新分镜保持提示词、生图模型及参数等与复制源相同。可以简化编辑流程创建出一个与复制源一模一样的新分镜，当用户需要生成多个相同或相似的场景时，通过复用已创建的分镜，可以大大节省时间和精力，避免重复劳动。

图 9-22　生成相应的图片效果

## 9.1.3　图转视频：全新创作体验

故事创作中的"图转视频"功能通过其创意转化、高效创作、个性化定制和创作拓展等方面的作用，为用户提供了全新的视频创作体验，使视频制作变得更加简单、快捷和有趣。下面介绍在即梦AI的故事创作中图转视频的操作方法。

步骤 1　在上一例的基础上，单击"分镜1"选项区中的"图转视频"按钮，如图9-23所示，即可切换至相应面板，并且自动填入相应提示词。

步骤 2　单击"生成视频"按钮，即可生成出相应的视频效果，如图9-24所示，选择生成的视频素材，即可在页面中间预览视频效果。

步骤 3　用与上相同的操作方法，生成其他多个分镜的视频效果，如图9-25所示。

图 9-23　单击"图转视频"按钮　　　图 9-24　生成视频效果（1）

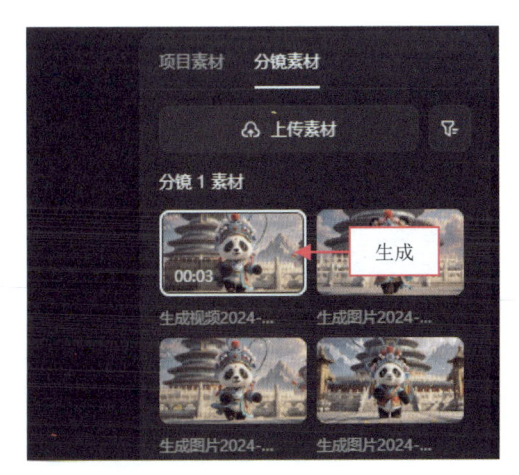

图 9-25　生成视频效果（2）

## 9.1.4　导入音频：提升视频质量

故事创作中的"导入音频"功能对于提升视频创作的多样性和质量具有重要意义。通过这一功能，用户可以更加便捷地将音频元素融入视频创作中，实现音频与视频内容的完美融合。下面介绍在即梦AI的故事创作中导入音频提升视频质感的操作方法。

步骤 1　在上一例的基础上，单击页面下方的"添加音频"按钮，如图9-26所示。

步骤 2　执行操作后，弹出"打开"对话框，选择相应的音频素材，如图9-27所示。

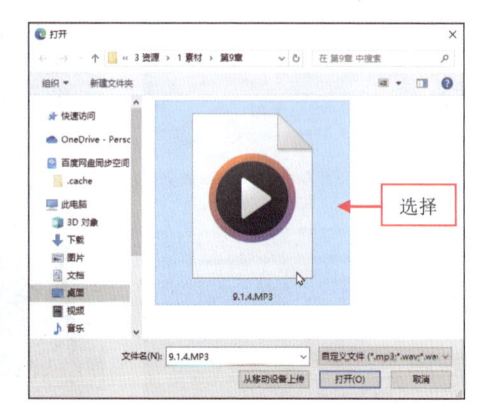

图 9-26　单击"添加音频"按钮　　　图 9-27　选择相应的音频素材

步骤 3    单击"打开"按钮，稍等片刻，即可上传音频素材，如图9-28所示。

步骤 4    单击"默认视图"按钮，弹出相应列表框，如图9-29所示。

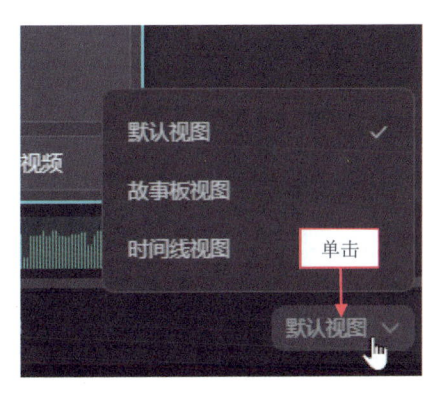

图 9-28    上传音频素材          图 9-29    单击"默认视图"按钮

步骤 5    选择"时间线视图"选项，切换至相应面板，拖动音频右侧的白框至视频结束位置，如图9-30所示，调整音频的时长，使其对齐视频时长。

图 9-30    调整音频的时长

## 9.1.5　导出成片：创建完整作品

用户完成故事创作后，可以一键将最终的视频作品导出，无须再进行烦琐的后期处理或格式转换，极大地提高了创作效率。导出的成片包含用户创作的所有内容，包括视频、音频、字幕、特效等，确保作品的完整性和高质量。下面介绍在即梦AI的故事创作中导出成片的操作方法。

133

步骤 1　在上一例的基础上，单击页面右上角的"导出"按钮，如图9-31所示。

步骤 2　弹出"导出"面板，选择"导出成片"选项，如图9-32所示。

图 9-31　单击"导出"按钮　　　　图 9-32　选择"导出成片"选项

步骤 3　弹出"导出设置"面板，更改相应名称，如图9-33所示。

步骤 4　单击"导出"按钮，弹出"导出成片"进度提示，稍等片刻，弹出"导出成功"提示，如图9-34所示，即可将视频成功导出。

图 9-33　更改相应名称　　　　图 9-34　弹出"导出成功"提示

## 9.2 文生视频：四季变换

使用即梦AI的"故事创作"功能，生成四季变换的景色，不仅能勾勒出自然界的更迭之美，还深刻展现了时间的流转与生命的韵律。春之生机、夏之热烈、秋之静美、冬之纯净，每一季都触动人心，让用户在视觉盛宴中感受时间的温柔与生命的丰盈。每一季的变换，不仅是自然之美，更是情感与时间的深刻对话，引领用户在创意间漫步，体验生命的多彩与岁月的温柔并且将自己的想法尽情创造出来。本节主要介绍在故事创作中使用"文生视频"功能创作短片的操作步骤，效果如图9-35所示。

图 9-35　效果展示

## 9.2.1　文生视频：实现创意构想

在即梦AI中，利用"故事创作"功能编织梦幻短片，如同邀请了一位无形编剧。用户仅需灵感一触，AI便能妙笔生花，构建情节、塑造角色、铺设悬念，甚至匹配适宜的情感氛围。这一过程不仅加速了创意的孵化，还赋予了视频独一无二的叙事魅力，让每一个镜头都跳跃着想象的火花。最终呈现的短片，既是个性的展现，也是科技与艺术完美融合的结晶。下面介绍在即梦AI的"故事创作"功能中使用文本生视频的操作方法。

步骤 1　单击即梦AI首页中的"故事创作"按钮，进入相应页面，单击页面下方的"创建空白分镜"按钮，如图9-36所示。

步骤 2　执行操作后，即可创建一个名为"分镜1"的选项区，❶在"分镜1"选项区中输入分镜描述；❷单击下方的"做视频"按钮，如图9-37所示。

步骤 3　执行操作后，弹出相应面板，在"视频生成"面板中设置"视频比例"为16∶9，如图9-38所示。

图 9-36　单击"创建空白分镜"按钮（1）

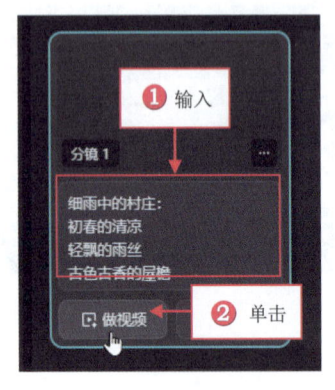

图 9-37　单击"做视频"按钮　　　　图 9-38　设置视频比例

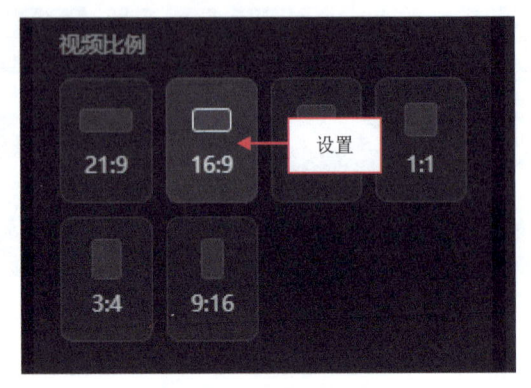

步骤 4　单击"生成视频"按钮，执行操作后，页面右侧弹出相应面板，在"分镜1素材"选项区中会生成相应的视频效果，如图9-39所示。

步骤 5　单击视频缩略图，即可查看视频效果，如图9-40所示。

图 9-39　生成视频效果（1）　　　　图 9-40　查看视频效果

步骤 6　单击分镜右侧的"创建空白分镜"按钮，如图9-41所示，即可创建一个名为"分镜2"的空白选项区。

步骤 7　在"分镜2"选项区中输入相应的提示词，如图9-42所示。

图 9-41　单击"创建空白分镜"按钮（2）

图 9-42　输入相应的提示词（1）

步骤 8　单击"做视频"按钮，弹出"视频生成"面板，单击"运镜控制"右侧的按钮，如图9-43所示。

步骤 9　弹出"运镜控制"面板，单击"摇镜"右侧的按钮，设置相应的摇镜方式，如图9-44所示。

图 9-43　单击相应按钮（1）

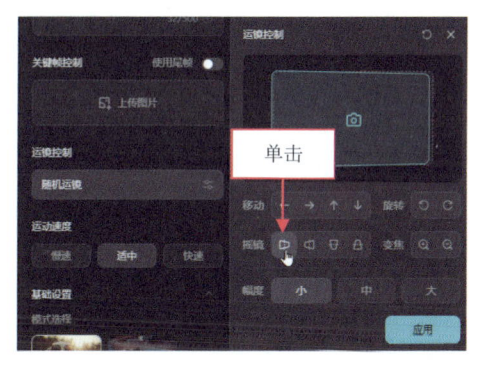

图 9-44　单击相应按钮（2）

步骤 10　单击"应用"按钮，即可设置相应的运镜，单击"生成视频"按钮，生成出相应的视频效果，如图9-45所示。

步骤 11　单击"分镜2"右侧的"创建空白分镜"按钮，如图9-46所示，即可创建一个名为"分镜3"的空白选项区。

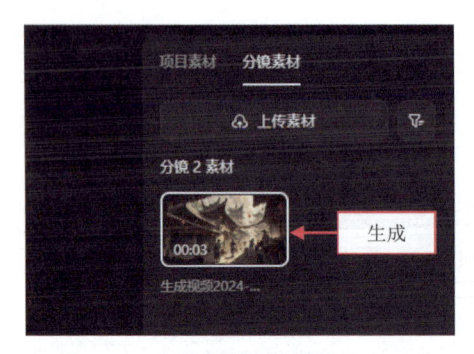

图 9-45　生成相应的视频效果（2） 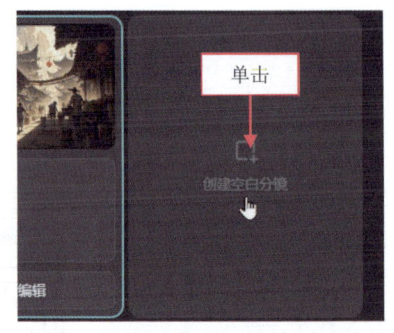　　图 9-46　单击"创建空白分镜"
按钮（2）

**步骤 12**　在"分镜3"选项区中输入相应的提示词，指导AI生成特定的视频分镜，如图9-47所示。

**步骤 13**　单击"做视频"按钮，弹出"视频生成"面板，单击"随机运镜"右侧的按钮，如图9-48所示。

图 9-47　输入相应的提示词（2） 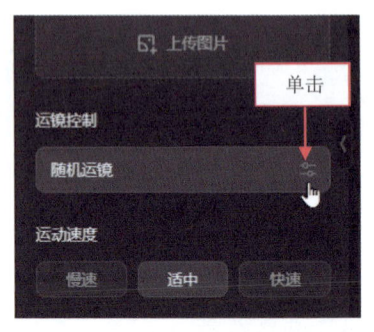　　图 9-48　单击相应按钮（3）

**步骤 14**　弹出"运镜控制"面板，单击"摇镜"右侧的按钮，设置相应的摇镜方式，如图9-49所示。

**步骤 15**　单击"应用"按钮，即可设置相应的运镜，单击"生成视频"按钮，生成相应的视频效果，如图9-50示。

**步骤 16**　用与上相同的操作方法，生成分镜4的视频效果，如图9-51所示。

### 小贴士

给视频添加运镜能够为视频增添动态感、情感表达和视觉吸引力。通过改变摄像机的位置、角度、焦距或速度来拍摄场景，从而在视觉上引导观众的注意力，增强叙事效果。

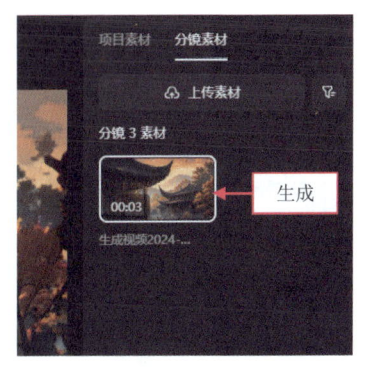

图 9-49　单击相应按钮（4）　　　图 9-50　生成相应的视频效果（3）

图 9-51　生成相应的视频效果（4）

## 9.2.2　添加音频：铺设情感基调

音频不仅能为故事背景铺设细腻的情感基调，如雨夜的低吟、晨曦的鸟鸣，瞬间将用户带入场景；还能通过角色对话的模拟，赋予人物鲜活的灵魂，使情感交流更加真实动人。此外，音效的巧妙运用能增强情节张力，如紧张追逐时的急促心跳声，让故事扣人心弦。在即梦AI中，音频与文字的完美融合，能让每一次创作都成为触动心灵的旅程。下面介绍在即梦AI的故事创作中添加音频的操作方法。

步骤 1　在上一例的基础上，单击页面下方的"添加音频"按钮，如图9-52所示。

步骤 2 执行操作后，弹出"打开"对话框，选择相应的音频素材，如图9-53所示。

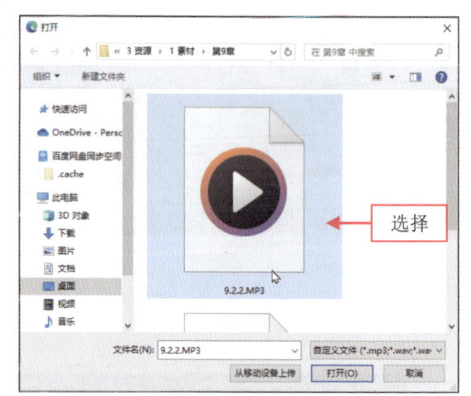

图 9-52 单击"添加音频"按钮　　图 9-53 选择相应的音频素材

步骤 3 单击"打开"按钮，即可上传音频，如图9-54所示。

图 9-54 上传音频文件

步骤 4 单击▶按钮，即可试听音频效果并预览短片效果，如图9-55所示。

图 9-55 试听音频效果并预览短片效果

## 9.2.3 导出短片：创意变成现实

在即梦AI的故事创作中，导出短片是创意实现的璀璨瞬间，它不仅将文字与想象转化为生动画面，更让故事跨越界限，触动人心。这一功能让创作者的心血得以具象展现，分享给世界。短片不仅是作品的呈现，更是情感的传递，激发共鸣，连接每一个渴望故事的心灵。下面介绍在即梦AI的故事创作中导出短片的操作方法。

步骤 1　在上一例的基础上，单击页面右上角的"导出"按钮，如图9-56所示。

步骤 2　弹出"导出"面板，选择"导出成片"选项，如图9-57所示。

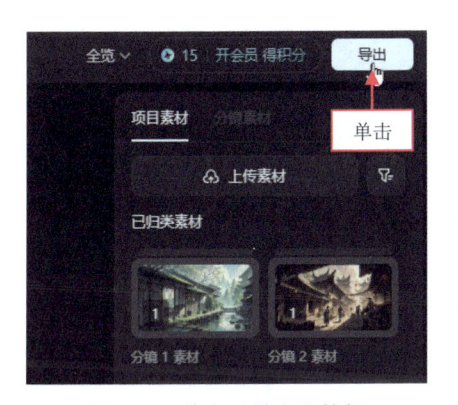

图 9-56　单击"导出"按钮

图 9-57　选择"导出成片"选项

步骤 3　弹出"导出设置"面板，更改相应名称，如图9-58所示。

步骤 4　单击"导出"按钮，弹出"导出成片"进度提示，如图9-59所示，稍等片刻，即可将视频成功导出。

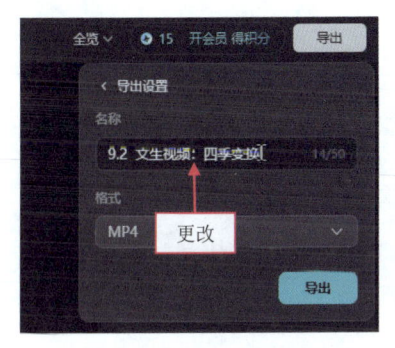

图 9-58　更改相应名称

图 9-59　弹出"导出成片"进度提示

141

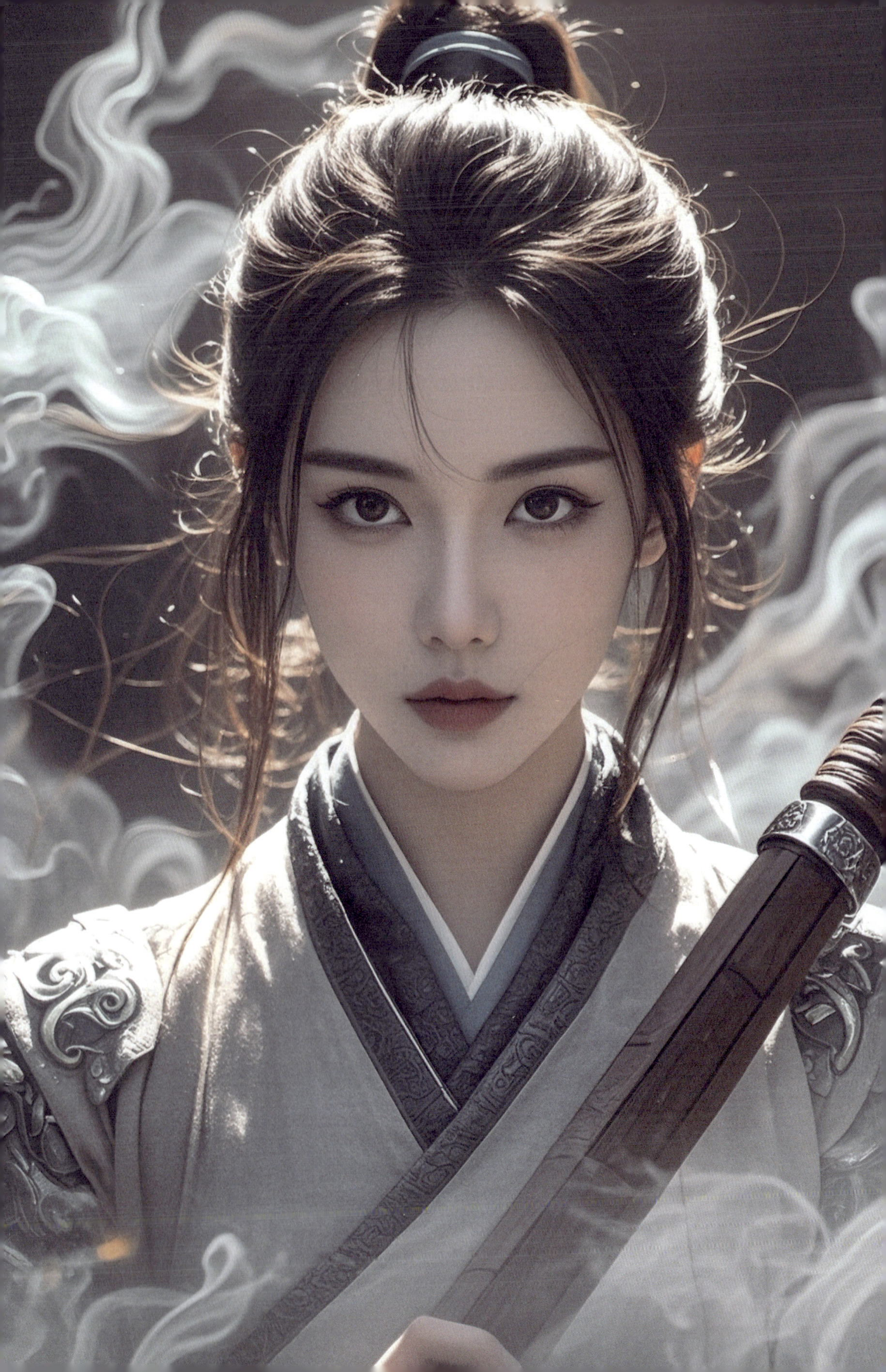

高级篇

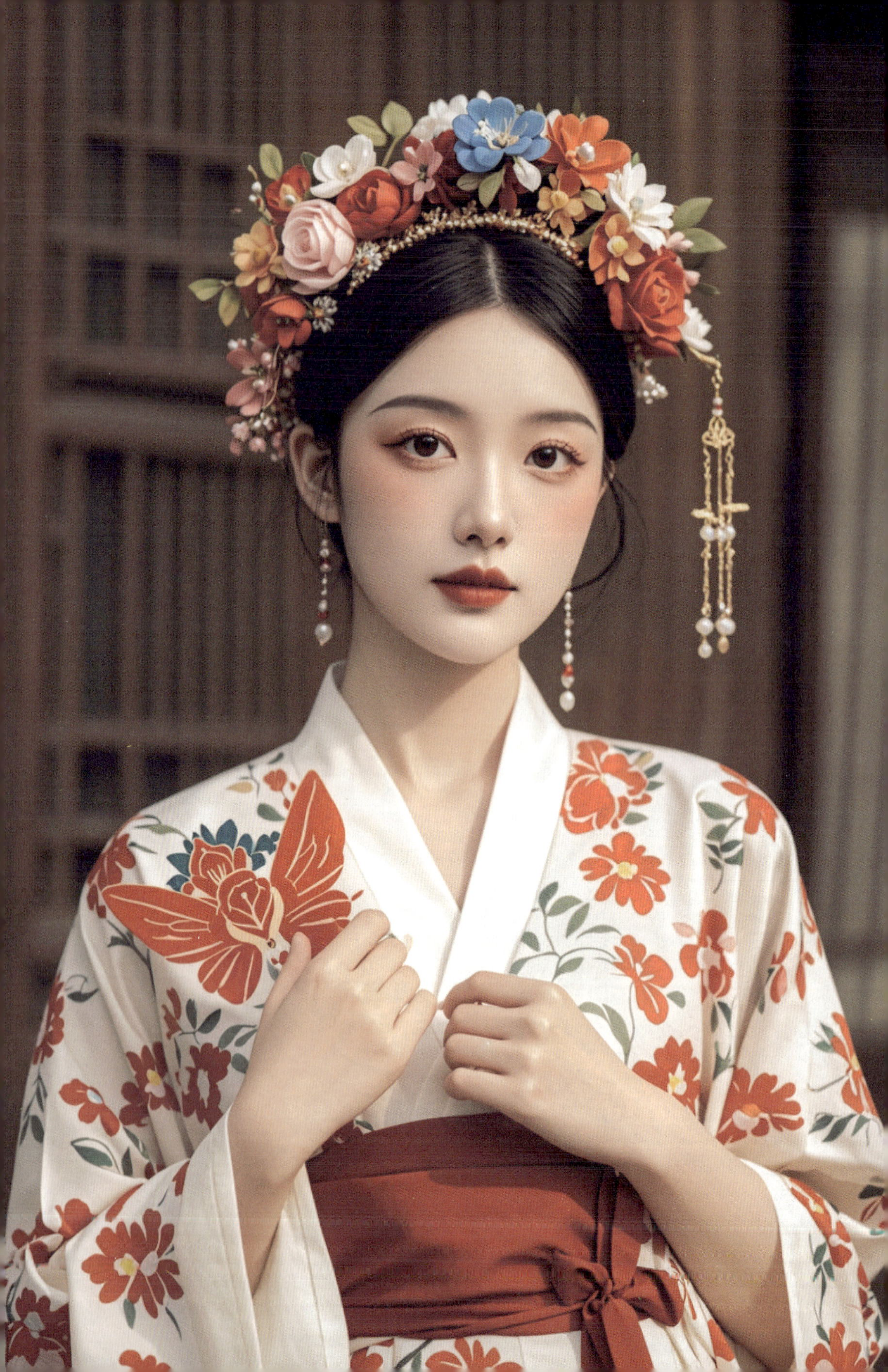

# 第 10 章
# AI 技巧：绘画与视频

在即梦AI平台中生成AI图片及AI视频时，我们可以添加相应的关键词来对图像的整体效果进行调整优化，例如，优化AI图片及AI视频的画面效果、渲染品质、艺术风格及构图美感等，以获得最佳的画面效果。本章主要介绍在即梦AI平台中使用相应提示词和参数指令，打造专业的AI图片及AI视频效果的方法。

## 10.1 AI 图片：优化画面效果

通过在提示词中添加相机、渲染品质的相关指令，可以优化AI图片的画面效果，更好地指导即梦AI生成符合自己期望的摄影作品，让即梦AI捕捉到真实世界或创造出想象世界的画面。本节将介绍一些AI绘画常用的相机、渲染、构图等指令，帮助大家快速创作出高质量的图片效果。

### 10.1.1 模拟相机：拍摄的真实感

在AI绘画中，我们运用一些相机型号指令来模拟相机拍摄的画面效果，可以让AI照片给观众带来更加真实的视觉感受。在AI绘画中添加相机型号指令，能够给用户带来更大的创作空间，让AI作品更加多样化、更加精彩。

例如，全画幅相机是一种具备与35 mm胶片尺寸相当的图像传感器的相机，它的图像传感器尺寸较大，通常为36 mm×24 mm，可以捕捉到更多的光线和细节，效果如图10-1所示。

图10-1  模拟全画幅相机生成的照片效果

这幅AI绘画作品使用的提示词如下：

白色背景，电影，荷兰角，户外，1个女孩，独奏，绿头发，帽子，花，向日葵，忧郁，手持乐器，电吉他，坐着，草帽，有光泽的皮肤，短发，背心，光粒子，散景，模糊，景深，模糊背景，雾，动态效果，尼康D850。

在AI绘画中，全画幅相机的提示词有：Nikon D850、Canon EOS 5D Mark Ⅳ、Sony α7R Ⅳ、Canon EOS R5、Sony α9 Ⅱ。注意，这些提示词都是品牌相机型号，没有对应中文解释，英文单词的首字母大小写也没有要求。

> **专家提醒**
>
> 在AI绘画中，常用的光圈提示词有：Canon EF 50 mm f/1.8 STM、Nikon AF-S NIKKOR 85 mm f/1.8G、Sony FE 85 mm f/1.8、zeiss otus 85 mm f/1.4 apo planar t*、canon ef 135 mm f/2l usm、samyang 14 mm f/2.8 if ed umc aspherical、sigma 35 mm f/1.4 dg hsm等，使用这些提示词也可以使照片更加清晰，呈现出专业级的AI绘画效果。

## 10.1.2　背景虚化：突出照片主体

背景虚化（background blur）类似于浅景深，是指使主体清晰而背景模糊的画面效果，同样需要通过控制光圈大小、焦距和拍摄距离来实现。背景虚化可以使画面中的背景不再与主体竞争注意力，从而让主体更加突出，效果如图10-2所示。

图 10-2　模拟背景虚化生成的照片效果

这幅AI绘画作品使用的提示词如下：
写实，真实世界，电影摄影，一只纯白的小狗在希腊小镇上，闪闪发光，唯美，浪漫，高分辨率，背景模糊，这张照片是用佳能EOS R5相机拍摄的。

在AI绘画中，常用的背景虚化提示词有：背景虚化效果（background blur effect）、模糊的背景（blurred background）、点对焦（point focusing）。

### 10.1.3 渲染画质：专业级的效果

渲染品质通常指的是照片呈现出来的某种效果，包括清晰度、颜色还原、对比度和阴影细节等，其主要目的是使照片看上去更加真实、生动、自然。在AI绘画中，我们也可以使用一些提示词来增强照片的渲染品质，进而提升AI绘画作品的艺术感和专业感。

专业级渲染（professional rendering），可以指导AI模型生成具有专业水准的图像效果，生成的图像看起来非常逼真、高清、细节丰富，色彩准确，给人以一种真实的感觉，图像中的细节处理也非常精细，各个部分的纹理、光影、色彩等都被处理得非常出色。这种图像具有很强的视觉冲击力，能够吸引观众的眼球，让人印象深刻，效果如图10-3所示。

图 10-3 添加"专业级渲染"提示词生成的照片效果

这幅AI绘画作品使用的提示词如下：

拟人化的猫，一只猫咪正站在一个充满鲜花的花园中，它正通过镜头捕捉一只蝴蝶停留在花朵上的瞬间。这是一个极简主义和令人惊叹的摄影电影拍摄，以电影照明和体积照明为特色，创造出了超现实和电影风格，专业级渲染。

在AI绘画中，常用来展现渲染品质的提示词有：专业级渲染（professional rendering）、逼真细节（realistic details）、精湛光影（masterful lighting）、细腻纹理表现（delicate texture rendering）、专业级细节处理（professional-level detailing）、完美构图（flawless composition）、逼真光影效果（realistic lighting effects）、极致清晰度（ultimate clarity）。

## 10.1.4 逼真细节：高品质高分辨率

高细节/高品质/高分辨率（high detail/hyper quality/high resolution），这组提示词常用于肖像、风景、商品和建筑等类型的AI绘画作品中，可以使照片在细节和纹理方面更具有表现力和视觉冲击力。

提示词"高细节（high detail）"能够让照片具有高度细节表现能力，即可清晰地呈现出物体或人物的各种细节和纹理，例如，毛发、衣服的纹理等，效果如图10-4所示。而在真实摄影中，通常需要使用高端相机和镜头拍摄并进行后期处理，才能实现高细节的效果。

图10-4 添加"高细节"提示词生成的照片效果

这幅AI绘画作品使用的提示词如下：

一个戴着梅花鹿纹理帽子的女孩，穿着彩色的服装，超现实主义毛毡效果风格，精致复杂的细节，逼真的肖像，尼康D850，照片逼真，高细节，高品质。

提示词"高品质（hyper quality）"通过对AI绘画作品的明暗对比、白平衡、饱和度和构图等因素的严密控制，让照片具有超高的质感和清晰度，以达到非凡的视觉冲击效果。

提示词"高分辨率（high resolution）"可以为AI绘画作品带来更高的锐度、清晰度和精细度，生成更为真实、生动和逼真的画面效果。

## 10.1.5 合理构图：增强画面层次感

前景构图（foreground）是指通过前景元素来强化主体的视觉效果，以产生一种具有视觉冲击力和艺术感的画面效果，如图10-5所示。前景通常是指相对靠近镜头的物体，背景（background）则是指位于主体后方且远离镜头的物体或环境。

图 10-5 前景构图效果

这幅AI绘画作品使用的提示词如下：

一个中国女孩坐在花海中，周围环绕着美丽的风景，前景构图，以五颜六色的小花为前景，这是使用索尼FE 35 mm相机拍摄的，光圈为F1.8，唯美的艺术风格，清晰的焦点。

提示词"前景构图"可以丰富画面色彩和层次感，并且能够增加照片的丰富度，让画面变得更为生动、有趣。

提示词"中心构图"可以有效突出主体的形象和特征，适用于花卉、鸟类、宠物和人像等类型的照片。

提示词"对称构图"可以创造出一种冷静、稳重、平衡和具有美学价值的对称视觉效果，往往会给人们带来视觉上的舒适感和认可感，并强化他们对画面主体的印象和关注度。

提示词"斜线构图"可以在画面中创造一种自然而流畅的视觉引导，让观众的目光沿着线条的方向移动，从而引起观众对画面中特定区域的注意。

## 10.2 AI 绘画：提升艺术风格

艺术风格是艺术家在创作过程中形成的一种独特的艺术特色和创作个性，是艺术作品在整体上呈现出的具有代表性的面貌。它体现了艺术家的审美追求和创作理念，是艺术作品的重要组成部分。本节主要介绍3类AI绘画的艺术风格，可以帮助大家更好地塑造自己的审美观，并提升照片的品质和表现力。

### 10.2.1 古典主义：传统艺术元素

古典主义（classicism）是一种提倡使用传统艺术元素的摄影艺术风格，注重作品的整体性和平衡感，追求一种宏大的构图方式和庄重的风格、气魄，创作出具有艺术张力和现代感的绘画作品，效果如图10-6所示。

图 10-6 古典主义风格的 AI 照片效果

这幅AI绘画作品使用的提示词如下：

一座宏伟的古典主义风格的建筑，室内家具奢华，房间中央悬挂着一幅大型油画，周围环绕着古典绘画和古董雕塑，对称结构，整体呈现出古典主义风格。

在AI绘画中，古典主义风格的提示词包括：对称（symmetry）、秩序（hierarchy）、简洁性（simplicity）、明暗对比（contrast）。

### 10.2.2 纪实主义：反映现实生活

纪实主义（documentarianism）是一种致力于展现真实生活、真实情感和真实经验的摄影艺术风格，它更加注重如实地描绘大自然和反映现实生活，探索被摄对象所处时代、社会、文化背景下的意义与价值，呈现出人们的生活场景和情感状态，效果如图10-7所示。

图10-7　纪实主义风格的AI照片效果

这幅AI绘画作品使用的提示词如下：

一位做传统手工艺的老人，在认真工作，这是一张纪实主义风格的照片，使用尼康D850相机拍摄，具有自然光线和黑色电影美学的风格，展示了传统工艺的复杂细节。

在AI绘画中，纪实主义风格的提示词包括：真实生活（real life）、自然光线与真实场景（natural light and real scenes）、超逼真的纹理（hyper-realistic texture）、精确的细节（precise details）、逼真的静物（realistic still life）、逼真的肖像（realistic portrait）、逼真的风景（realistic landscape）。

> **专家提醒**
>
> 图10-7通过提示词"黑色电影美学的风格"呈现出暗角效果，有利于突出老人的面部细节与动作，营造出一种朴素的氛围感。

### 10.2.3　超现实主义：梦幻主义风格

超现实主义（surrealism）是指一种挑战常规的摄影艺术风格，追求超越现实，呈现出理性和逻辑之外的景象和感受，通常以梦幻般的场景和抽象的、有时令人不安的意象为特色，是一种纯粹的自动表达方式。超现实主义在手法上自由地使用写实、象征和抽象，强调偶然的结合、无意识的发现和梦境的真实再现，表达非显而易见的想象和情感，强调表现作者的心灵世界和审美态度，效果如图10-8所示。

图 10-8　超现实主义风格的 AI 照片效果

这幅AI绘画作品使用的提示词如下：

创意摄影，幻想景观-科幻/赛博朋克，赛博风格城市，超现实主义风格。

在AI绘画中，超现实主义风格的提示词包括：梦幻般的（dreamlike）、超现实的风景（surreal landscape）、神秘的生物（mysterious creatures）、扭曲的现实（distorted reality）、超现实的静态物体（surreal still objects）。

## 10.3 AI 视频：提示词编写技巧

通过不断地尝试、调整和优化视频提示词，我们可以逐渐发现哪些文本指令更有效，哪些文本指令更能激发即梦AI模型的创造力。本节主要介绍即梦AI视频提示词的编写技巧，包括如何编写视频画面提示词、视频画面提示词的编写顺序及相关注意事项等内容。

### 10.3.1 编写建议：生成预想效果

在即梦AI的AI视频生成模型中，编写恰当的提示词有助于生成理想的视频效果。下面是一些关键步骤和建议，可以帮助用户编写出更具影响力的提示词，如图10-9所示。

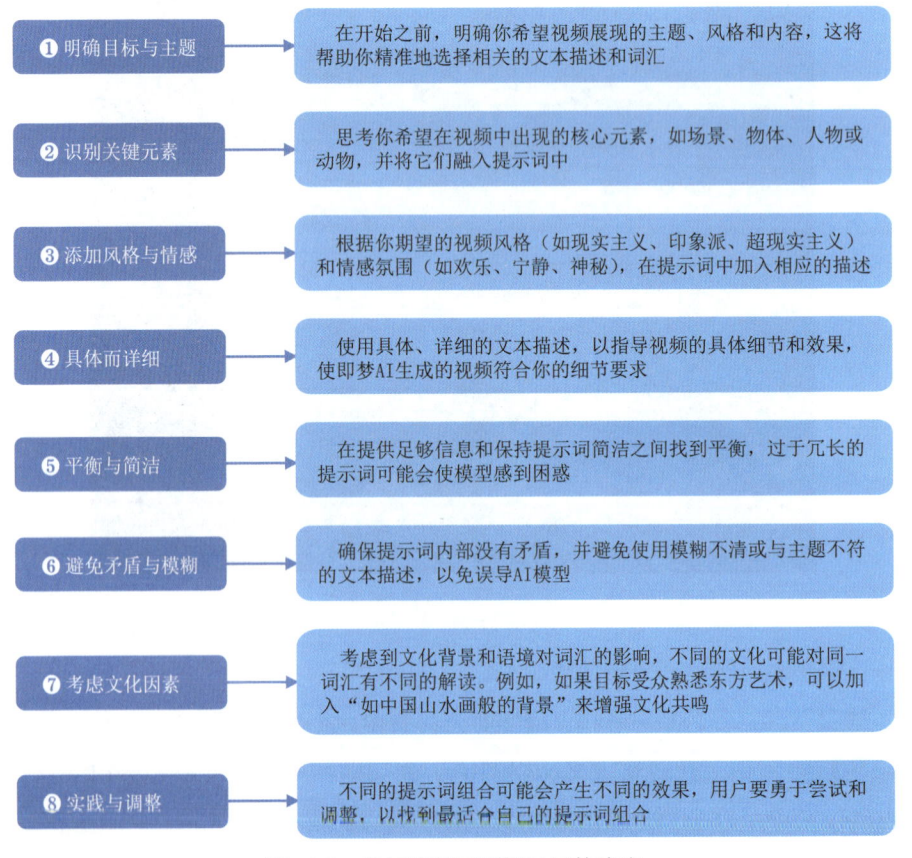

❶ 明确目标与主题 → 在开始之前，明确你希望视频展现的主题、风格和内容，这将帮助你精准地选择相关的文本描述和词汇

❷ 识别关键元素 → 思考你希望在视频中出现的核心元素，如场景、物体、人物或动物，并将它们融入提示词中

❸ 添加风格与情感 → 根据你期望的视频风格（如现实主义、印象派、超现实主义）和情感氛围（如欢乐、宁静、神秘），在提示词中加入相应的描述

❹ 具体而详细 → 使用具体、详细的文本描述，以指导视频的具体细节和效果，使即梦AI生成的视频符合你的细节要求

❺ 平衡与简洁 → 在提供足够信息和保持提示词简洁之间找到平衡，过于冗长的提示词可能会使模型感到困惑

❻ 避免矛盾与模糊 → 确保提示词内部没有矛盾，并避免使用模糊不清或与主题不符的文本描述，以免误导AI模型

❼ 考虑文化因素 → 考虑到文化背景和语境对词汇的影响，不同的文化可能对同一词汇有不同的解读。例如，如果目标受众熟悉东方艺术，可以加入"如中国山水画般的背景"来增强文化共鸣

❽ 实践与调整 → 不同的提示词组合可能会产生不同的效果，用户要勇于尝试和调整，以找到最适合自己的提示词组合

图 10-9　编写视频画面提示词的建议

例如，你想生成一段生日蛋糕的视频效果，提示词可以这样写"一个巧克力生日蛋糕，上面有粉红色的奶油和点燃的蜡烛，在黑暗的背景下，闪闪发光，画面具有宁静的氛围感"。在这段提示词中，目标主体明确，讲述的是一个巧克力生日蛋糕，蛋糕上面的装饰元素也描述到位了，场景环境也进行了讲解，这样生成的视频效果就比较理想，效果如图10-10所示。

图10-10　生成一段生日蛋糕的视频效果

## 10.3.2　编写顺序：改变画面效果

在使用即梦AI生成视频时，提示词的编写顺序对最终生成的视频效果具有显著影响。虽然并没有绝对固定的规则，但下面这些建议性的指导原则，可以帮助用户更加有效地组织提示词，以得到理想的视频效果。

❶突出主要元素：在编写提示词时，首先明确并描述画面的主题或核心元素，模型通常会优先关注提示词序列中的初始部分，因此，将主要元素放在前面可以增加其权重。例如，某视频主题是"参观一个艺术画廊"，建议首先使用"参观"作为起始词，模型将理解场景应该设定在室内，并且具有艺术画廊的氛围和布局。

❷定义风格和氛围：在确定了主要元素后，紧接着添加描述整体感觉或风格的词汇，这样可以帮助模型更好地把握画面的整体氛围和风格基调。如果用户没有明确的视频风格，那么这一步也可以跳过。

❸细化具体细节：在明确了主要元素和整体风格后，继续添加更具体的细节描述，能够进一步指导模型渲染出更丰富的画面特征。例如，在"参观一个艺术画廊"这个提示词的基础上，加入"里面有许多不同风格的艺术作品"，这样模型将能够更好地捕捉和呈现艺术画廊内的艺术作品和氛围，使观众仿佛身临其

境地参观艺术画廊，欣赏不同风格的艺术作品，相关示例如图10-11所示。

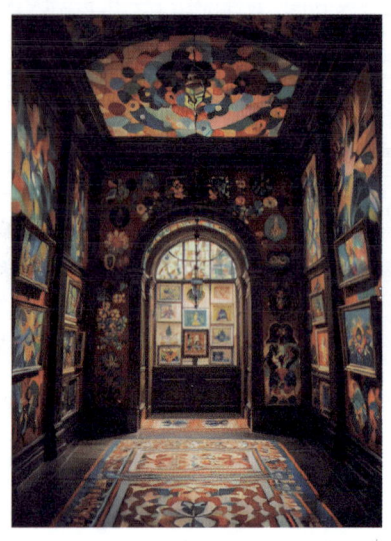

图10-11　生成一段艺术画廊的视频效果

❹补充次要元素：最后可以添加一些次要元素或对整体视频影响较小的文本描述，这些元素虽然不是画面的焦点，但它们的加入可以增加视频的层次感和丰富性。

> **小贴士**
>
> 编写视频画面提示词是一个需要综合考虑多个因素的过程，通过细心规划和创意，可以制作出既吸引人又有效的视频内容。

## 10.3.3　编写事项：提高视频质量

掌握即梦AI提示词的编排顺序后，下面这些注意事项将帮助用户进一步优化提示词的生成效果。

❶简洁精炼：虽然详细的提示词有助于指导模型，但过于冗长的提示词可能会导致模型混淆，因此，应尽量保持提示词简洁而精确。

❷平衡全局与细节：在描述具体细节时，不要忽视整体概念，确保提示词既展现全局，也包含关键细节。

❸发挥创意：使用比喻和象征性语言，激发模型的创意，生成独特的视频效果，如"时间的河流，历史的涟漪"。

❹合理运用专业术语：若用户对某领域有深入了解，可以运用相关专业术语以获得更专业的结果，如"巴洛克式建筑，精致的雕刻细节"。

图10-12所示的这段风光视频，其提示词为"有一个巨大的瀑布落入蓝绿色的水域，两侧排列着绿树"。从图10-12中可以看到，由于提示词中没有冗余的信息，这种简洁性不仅提高了模型的理解效率，还有助于提高视频生成的效率。

图 10-12　生成一段风光视频效果

## 10.4　AI 视频：影视级效果

在编写即梦AI提示词时，用户需要明确自己的目标和意图，确保所使用的词汇和短语能够清晰地传达给模型，从而充分发挥模型的潜力，创作出丰富多样、引人入胜的视频作品。本节将介绍即梦AI提示词的编写思路，以获得最佳的视频生成效果。

### 10.4.1　描述主体：刻画细节特征

在使用即梦AI生成视频时，主体特征提示词是描述视频主角或主要元素的重要词汇，它们能够帮助模型理解和创造出符合要求的视频内容。主体特征提示词包括但不限于以下几个类型，见表10-1。

表10-1　主体特征提示词示例

| 特征类型 | 特征描述 | 特征举例 |
| --- | --- | --- |
| 外貌特征 | 描述人物的面部特征 | 如眼睛、鼻子、嘴型、脸型 |
|  | 描述身材和体型 | 如高矮、胖瘦、肌肉发达程度 |
|  | 描述人物肤色特征 | 如肤色白皙、黝黑、偏黄 |
|  | 描述发型、发色等外观特征 | 如短发、长发、卷发、金色头发 |

续上表

| 特征类型 | 特征描述 | 特征举例 |
| --- | --- | --- |
| 服装与装饰 | 描述人物的服装风格 | 如正装、休闲装、运动装 |
|  | 指定具体的服装款式或颜色 | 如西装、T恤、连衣裙 |
|  | 提及佩戴的饰品或配件 | 如项链、手表、耳环 |
| 动作与姿态 | 描述人物的动态行为 | 如走路、漫步、跑步、跳跃 |
|  | 提示特定的姿势或动作 | 如站立、坐着、躺着 |
|  | 描述人物与环境的交互 | 如握手、拥抱、推拉 |
| 情感与性格 | 提示人物的情感状态 | 如快乐、悲伤、愤怒 |
|  | 描述人物的性格特点 | 如勇敢、聪明、善良 |
| 身份与角色 | 明确指出人物的社会身份 | 如企业家、运动员、老师 |
|  | 描述人物在视频中的特定角色或职责 | 如邻居、勇敢者、英雄 |

通过灵活运用主体特征提示词，可以更加精确地控制即梦AI模型生成的视频内容，使其更符合用户的期望和需求。除了上面讲解的人物主体，用户还可以生成动物主体的视频效果，详细描述动物的外貌特征、动作和姿势等，相关示例如图10-13所示。

图 10-13 生成一段动物视频效果

这段AI视频作品使用的提示词如下：

一只猫，品种是英短蓝白正八字脸，头戴王冠，身上佩戴利剑权杖，坐在国王宝座上，表情时而开心，时而悲伤。3D立体，赛博风格。

## 10.4.2 构图技法：突出视觉焦点

在使用即梦AI生成视频时，画面构图提示词用于指导模型如何组织和安排画面中的元素，以创造出有吸引力和故事性的视觉效果，使生成的视频看起来更加专业，满足不同观众的审美需求。表10-2为一些常见的画面构图提示词及其描述。

表10-2　常见的画面构图提示词及其描述

| 提示词示例 | 提示词描述 |
| --- | --- |
| 横画幅构图 | 最常见的构图方式，通常用于电视、电影和大部分摄影作品。在这种构图中，画面的宽度大于高度，给人以一种宽广、开阔的感觉，适合展现宽广的自然风景、大型活动等场景，也常用于人物肖像拍摄，以展现人物与背景的关系 |
| 竖画幅构图 | 画面的高度大于宽度，给人以一种高大、挺拔的感觉，适合展现高楼大厦、树木等垂直元素，也常用于拍摄人物的全身像，以强调人物的高度和身材 |
| 方形画幅构图 | 画面的高度和宽度相等，呈现出一个正方形的形状，给人以一种平衡、稳定、稳重、正式的感觉，适合展现对称或中心对称的场景，如建筑、花卉等 |
| 对称构图 | 画面中的元素被安排成左右对称或上下对称，可以创造出一种平衡和稳定的感觉 |
| 前景构图 | 明确区分前景和背景，使观众能够轻松识别出主要的视觉焦点 |
| 三分法构图 | 将画面分为三等份，重要的元素放在这些线条的交点或线上，这是一种常见的构图技巧，有助于引导观众的视线 |
| 引导线构图 | 使用线条、路径或道路等元素来引导观众的视线，使视频画面更具动态感和深度 |
| 对角线构图 | 将主要元素沿对角线放置，以创造一种动感和张力 |
| 深度构图 | 通过使用不同大小、远近和模糊程度的元素来创造画面的深度感 |
| 重复构图 | 使用重复的元素或图案来营造视觉上的统一和节奏感 |
| 平衡构图 | 确保画面在视觉上是平衡的，避免一侧过于拥挤或另一侧太空旷 |
| 对比构图 | 通过对比视频画面中元素的大小、颜色及形状等，突出重要的元素或创造视觉冲击力 |
| 框架构图 | 使用框架或边框来突出或包含重要的元素，增强观众的注意力 |
| 动态构图 | 通过元素的移动、旋转或形状变化来创造动态的视觉效果 |
| 焦点构图 | 将观众的视线引导至画面的一个特定点，突出显示该元素的重要性 |

### 小贴士

通过巧妙地使用画面构图提示词，能够明确指导AI如何安排画面中的各个元素，包括主体、背景、前景等。通过指定元素的位置、大小、比例等，提示词确保了画面的平衡感和层次感，使得最终生成的作品在视觉上更加和谐统一。

构图提示词还能引导观众的视线流动，使画面中的各个元素相互呼应、相互关联。通过合理的构图设计，AI能够创造出引人入胜的视觉焦点，引导观众按照特定的顺序和节奏欣赏作品，从而增强画面的叙事性和表现力。

帮助模型确定画面的视觉焦点，引导观众的注意力，增强视频的吸引力，指导即梦AI生成主体突出、层次丰富的视频内容，提升视频的艺术性。

由于AI技术的不断发展和进步，未来画面构图提示词的作用可能会更加多样化和精细化。随着AI对人类审美和构图原则的理解不断加深，希望用户可以生成更多具有创新性和突破性的AI绘画作品。

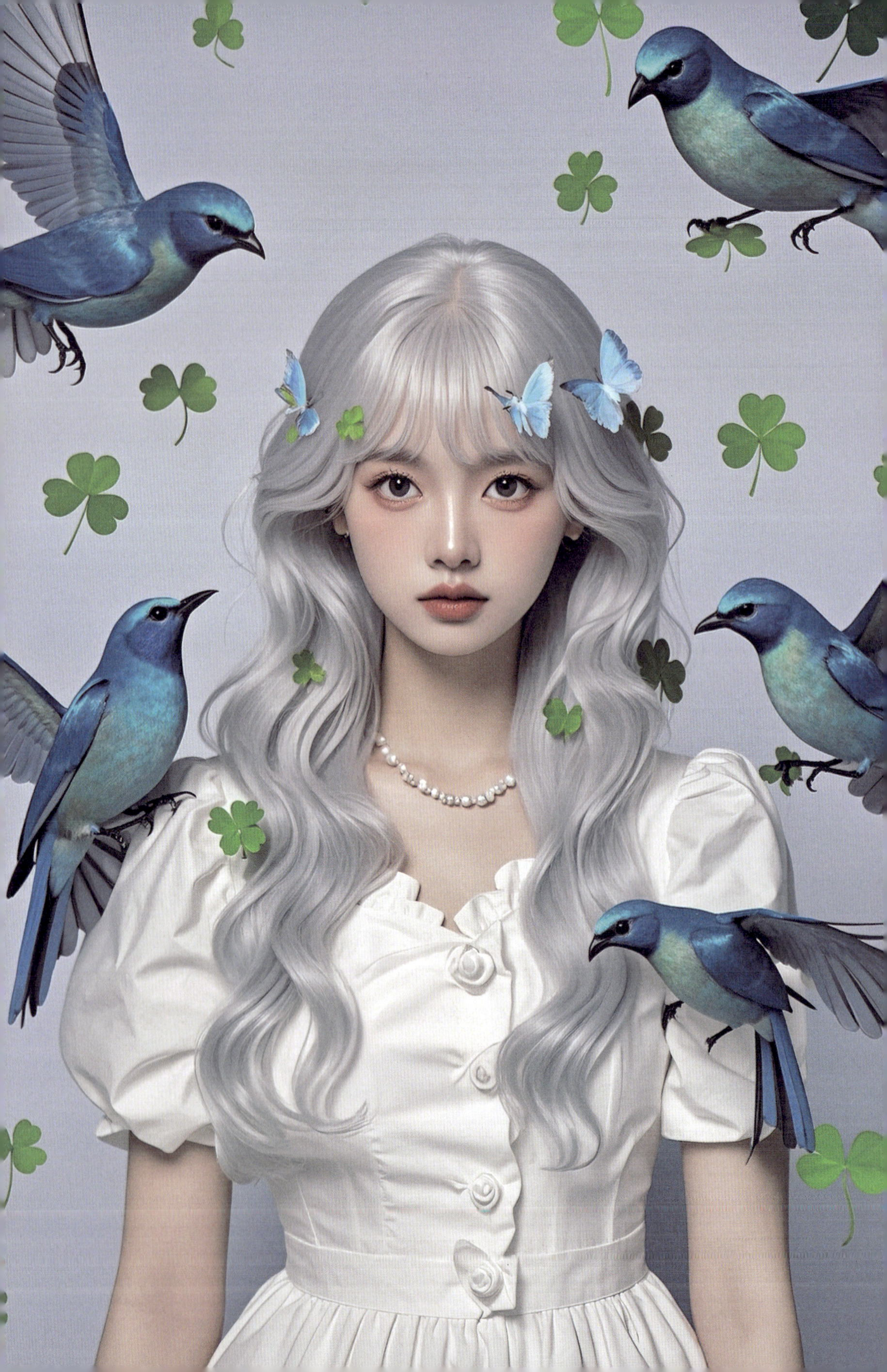

## 第 11 章

# 剪映 App：创作与剪辑

当用户在面对素材，不知道剪辑出什么风格的视频时，那么就可以使用剪映中的"一键成片""图文成片""剪同款"，以及"AI作图""AI绘画""AI特效"等功能，快速生成一段视频画面，更有多种风格可选，让视频剪辑变得更简单。本章主要介绍通过剪映生成AI视频的方法，帮助大家轻松制作短视频。

## 11.1 AI 视频：一键生成视频

在数字化时代，视频内容已成为最主要的传播媒介之一。剪映凭借其强大的AI视频生成与剪辑功能，为广大视频创作者提供了一个前所未有的便捷工具。本节将介绍如何利用剪映手机版的AI技术简化视频制作流程，一站式实现从视频的生成、剪辑到最终的输出全流程，快速制作出令人印象深刻的视频作品。

### 11.1.1 一键成片：图片生成视频

使用剪映的"一键成片"功能，用户不再需要具备专业的视频编辑技能或花费大量时间进行后期处理，只需几个简单的步骤，就可以将图片、视频片段、音乐和文字等素材融合在一起，AI将自动为用户生成一段流畅且吸引人的视频，效果如图11-1所示。

下面介绍在剪映App中使用"一键成片"功能的操作方法。

图 11-1　效果展示

步骤 1    在"剪辑"界面中点击"一键成片"按钮，如图11-2所示。

步骤 2    进入手机相册，❶选择相应的图片素材；❷点击"下一步"按钮，如图11-3所示。

图 11-2　点击"一键成片"按钮　　　　图 11-3　点击"下一步"按钮

步骤 3    执行操作后，进入"选择模板"界面，系统会匹配合适的模板，如图11-4所示。

步骤 4    用户也可以在下方选择相应的模板，自动对视频素材进行剪辑，❶选择中意的模板后；❷点击"导出"按钮，如图11-5所示。

步骤 5    执行操作后，弹出"导出设置"面板，点击保存按钮，如图11-6所示，即可快速导出做好的视频。

图 11-4　匹配合适的模板　　　图 11-5　点击"导出"按钮　　　图 11-6　点击保存按钮

163

## 11.1.2 图文成片：静态转为动态

使用剪映的"图文成片"功能，可以帮助用户将静态的图片和文字转化为动态的视频，从而吸引观众更多的注意力，并提升内容的表现力。

通过"图文成片"功能，用户可以轻松地将一系列图片和文字编排成具有吸引力的视频。图文成片功能不仅简化了视频的制作流程，还为用户提供了丰富的创意空间，让他们能够以全新的方式分享信息和故事，效果如图11-7所示。

图 11-7 效果展示

下面介绍在剪映App中使用"图文成片"功能的操作方法。

步骤 1 在"剪辑"界面中，点击"图文成片"按钮，如图11-8所示。

步骤 2 执行操作后，进入"图文成片"界面，在"智能文案"选项区中选择"美食教程"选项，如图11-9所示。

步骤 3 执行操作后，进入"美食教程"界面，❶输入相应的美食名称和美食做法；❷选择合适的视频时长；❸点击"生成文案"按钮，如图11-10所示。

图 11-8　点击"图文成片"按钮 　　图 11-9　选择"美食教程"选项 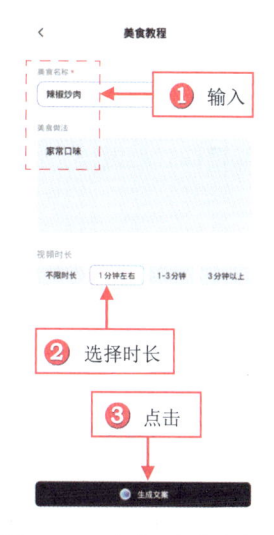　　图 11-10　点击"生成文案"按钮

步骤 4　执行操作后，进入"确认文案"界面，显示AI生成的文案内容，点击"生成视频"按钮，如图11-11所示。

步骤 5　弹出"请选择成片方式"列表框，选择"智能匹配素材"选项，如图11-12所示。

步骤 6　执行操作后，即可自动合成视频效果，如图11-13所示。

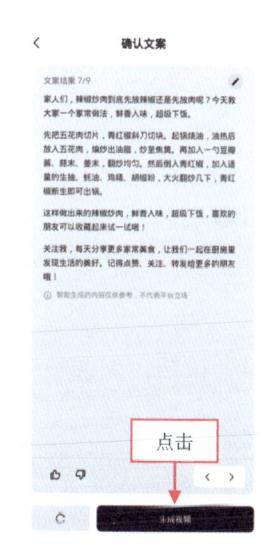

图 11-11　点击"生成视频"按钮 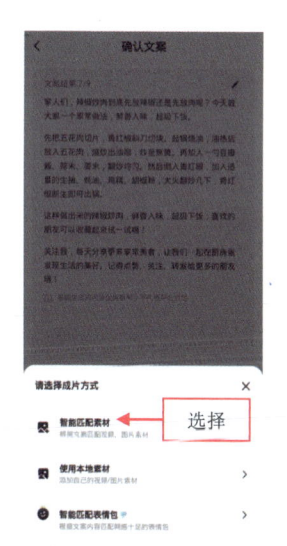　　图 11-12　选择"智能匹配素材"选项 　　图 11-13　自动合成视频效果

第 11 章　剪映 App：创作与剪辑

165

### 11.1.3 剪同款：模仿样式和效果

剪映的"剪同款"功能非常实用，它允许用户快速复制或模仿他人视频中的编辑样式和效果，特别适合那些希望在自己的视频中应用流行或专业编辑技巧的用户。

通过剪映的"剪同款"功能，用户可以选择一个自己喜欢的模板或样例视频，剪映会自动提供相应的编辑参数和效果，用户只需将自己的素材填充进去，即可创作出具有相似风格和效果的视频，效果如图11-14所示。

图 11-14 效果展示

下面介绍在剪映App中使用"剪同款"功能的操作方法。

步骤 1 在剪映主界面底部，点击"剪同款"按钮◪进入其界面，如图11-15所示。

步骤 2 在界面中选择相应的模板，如图11-16所示。

步骤 3 执行操作后，预览模板效果，点击"剪同款"按钮，如图11-17所示。

步骤 4 进入手机相册，❶选择相应的参考图；❷点击"下一步"按钮，如图11-18所示。

步骤 5 执行操作后，即可自动套用同款模板，并合成视频效果，如图11 19所示。

图 11-15　点击"剪同款"按钮

图 11-16　选择相应的模板

图 11-17　点击"剪同款"按钮

图 11-18　点击"下一步"按钮

图 11-19　合成视频效果

## 11.2　AI 绘画：一键生成图片

　　剪映App主要用于视频编辑，但也具备一些AI绘画功能，比如AI作图、AI特效、AI商品图等，可以帮助用户轻松生成满意的AI绘画作品。本节主要介绍使用剪映手机版生成AI绘画作品的操作方法。

167

## 11.2.1 AI作图：以文生图

使用剪映的"AI作图"功能，只需要在文本框中输入相应的提示词内容，即可进行AI绘画，效果如图11-20所示。

图11-20 效果欣赏

下面介绍在剪映App中输入提示词进行AI作图的操作方法。

步骤 1 在"剪辑"界面中，点击"AI作图"按钮，如图11-21所示。

步骤 2 执行操作后，进入"创作"界面，上方显示了之前已经生成的AI作品效果，点击下方的输入框，如图11-22所示。

图11-21 点击"AI作图"图标

图11-22 点击输入框

步骤 3　输入相应的提示词内容，点击"立即生成"按钮，如图11-23所示。

步骤 4　执行操作后，即可生成4张图片，选择合适的图片，点击下方的"超清图"按钮，如图11-24所示。

步骤 5　执行操作后，即可生成高清图片，如图11-25所示。

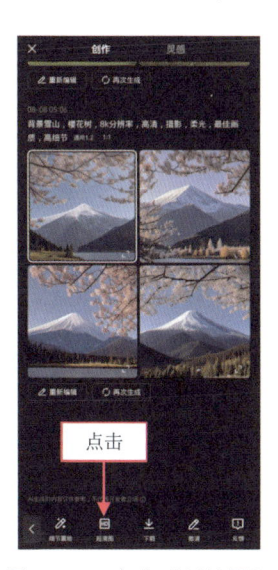

图 11-23　点击"立即生成"按钮

图 11-24　点击"超清图"按钮

图 11-25　生成高清图片

## 11.2.2　AI绘画：做同款图片

在剪映手机版的"AI作图"工具中，"灵感"页面提供了一系列优秀作品和相应的提示词。其中"做同款"功能，一键解锁热门画作风格，无论是复古油画还是未来科幻，都能轻松复刻，让你的照片瞬间变身艺术佳作。该功能不仅简化了创作流程，更让每个人都能成为潮流的追随者与创造者，让每一幅作品都独一无二，效果如图11-26所示。

图 11-26　效果欣赏

下面介绍在剪映App中使用"做同款"功能生成AI绘画作品的操作方法。

步骤 1　在"剪辑"界面中，点击"AI作图"图标，进入"创作"界面，点击"灵感"按钮,进入"灵感"界面,如图11-27所示。

步骤 2　切换至"插画"选项卡,在相应的图片模板上点击"做同款"按钮,如图11-28所示。

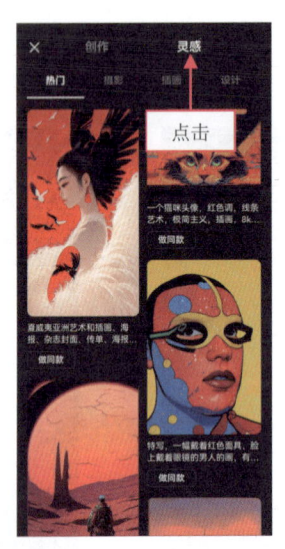

图 11-27　进入"灵感"界面

图 11-28　点击"做同款"按钮

## 小贴士

在剪映App的AI作图过程中,需要用户注意的是,即使是相同的关键词,剪映App每次生成的图片效果也不一样,用户应把更多的精力放在提示词的编写和实操步骤上。

步骤 3　进入"创作"界面,其中显示了模板中的提示词内容,点击"立即生成"按钮,如图11-29所示。

步骤 4　执行操作后,即可生成相应类型的AI图片,如图11-30所示。

步骤 5　选择合适的图片,点击"超清图"按钮,预览高清照片,效果如图11-31所示。

步骤 6　点击想要修改的图片,点击下方的"细节重绘"按钮,如图11-32所示。

步骤 7　执行操作后,即可重新生成相应图片,完善了更多细节,如图11-33所示。

170

图 11-29　点击"立即生成"按钮　　图 11-30　生成 AI 图片

图 11-31　预览高清照片　　图 11-32　点击"细节重绘"按钮　　图 11-33　生成相应图片

## 小贴士

"灵感"在剪映手机版的"AI作图"功能中扮演着激发创意思维、辅助创意实现和拓展创作边界的重要角色。虽然它可能不是一个具体的功能按钮或选

171

项，但它是整个创作过程中不可或缺的一部分。

"细节重绘"功能的效果在很大程度上依赖于AI算法的准确性和稳定性，因此，在实际应用中可能存在一定的局限性。

随着技术的不断进步和用户需求的不断变化，剪映的"AI作图"功能也在不断更新和完善中，建议用户关注官方动态以获取最新信息。

虽然剪映手机版未直接提及"细节重绘"功能，但类似的功能在"AI作图"领域具有广泛的应用和重要的作用。用户可以通过这些功能对图像进行精细化编辑和调整，以达到更加理想的视觉效果。

## 11.2.3 AI特效：以图生图

剪映的"AI特效"功能与即梦的图生图类似，都利用了人工智能技术来增强和简化图像的编辑过程，用户只需上传一张参考图，即可用AI做出各种图片效果，帮助用户轻松实现创意构想，原图与效果对比如图11-34所示。

下面介绍在剪映App中使用"AI特效"功能的操作方法。

步骤 1　在"剪辑"界面中，点击右上角的"展开"按钮，展开相应面板，点击"AI特效"按钮，如图11-35所示。

步骤 2　执行操作后，进入手机相册，选择相应的参考图，如图11-36所示。

步骤 3　执行操作后，进入"AI特效"界面，上传相应的参考图，点击"灵感"按钮，如图11-37所示。

图 11-34　原图与效果对比

图 11-35　点击"AI 特效"按钮 　　图 11-36　选择相应的参考图 　　图 11-37　点击"灵感"按钮

步骤 4　执行操作后，弹出"灵感"面板，在相应的预设风格下方点击"试一试"按钮，如图11-38所示。

步骤 5　返回"AI特效"界面，系统会自动填入预设风格的提示词，如图11-39所示。

图 11-38　点击"试一试"按钮 　　图 11-39　自动填入预设风格的提示词

173

步骤 6 设置"强度"为80，让AI的生图效果更接近提示词，点击"立即生成"按钮，如图11-40所示。

步骤 7 执行操作后，即可根据提示词的要求生成相应风格的图像，点击"保存"按钮。即可保存效果图，如图11-41所示。

图 11-40　点击"立即生成"按钮

图 11-41　点击"保存"按钮

## 11.2.4　AI商品图：做产品主图

使用剪映的"AI商品图"功能，用户可以轻松实现一键抠图并更换背景，从而快速制作出各种引人注目的商品图片效果。

使用"AI商品图"功能可以非常方便地制作商品主图，这对于提升电商平台上的商品展示效果至关重要。在社交媒体时代，具有视觉冲击力和情感共鸣的图片更容易被用户分享和传播。风景背景可以为商品提供一个使用场景或情境，让消费者更容易想象自己在使用该商品时的场景和感受。这种情境联想有助于增强商品的吸引力和说服力，促使消费者产生购买冲动，原图与效果对比如图11-42所示。

下面介绍在剪映App中使用"AI商品图"功能的操作方法。

步骤 1 在"剪辑"界面中，点击右上角的"展开"按钮，展开相应面板，点击"AI商品图"按钮，如图11-43所示。

图 11-42　原图与效果对比

步骤 2　执行操作后，进入手机相册选择一张图片，如图11-44所示，点击"编辑"按钮，即可进入相应界面。

步骤 3　适当调整图片的大小，并移动至合适位置，然后在下方的"热门"选项卡中可以选择相应的背景效果，如图11-45所示，稍等片刻，即可预览相应的效果。

图 11-43　点击"AI 商品图"按钮 　　　图 11-44　选择一张图片 　　　图 11-45　选择相应的背景效果

步骤 4　切换至"室外"选项卡，选择合适的背景效果，如图11-46所示，稍等片刻，即可自动生成相应的效果图。

步骤 5　点击"去编辑"按钮，如图11-47所示，即可进入相应界面。

175

图 11-46　选择合适的背景效果 　　图 11-47　点击"去编辑"按钮

步骤 6　点击"尺寸"按钮，弹出相应面板，在"尺寸预设"中选择"竖版海报（3：4）"选项，如图11-48所示，点击"创建"按钮，即可更改尺寸。

步骤 7　进入相应界面，点击右上角的"导出"按钮，如图11-49所示，即可导出做好的AI商品图。

步骤 8　点击右上角的"完成"按钮，如图11-50所示，即可返回到"剪辑"界面。

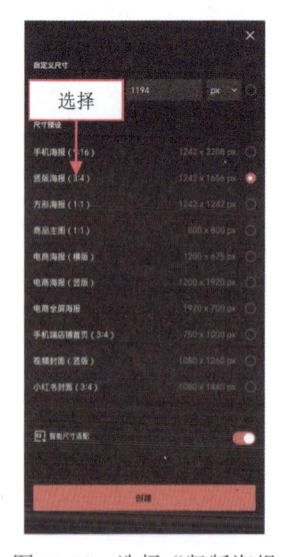

图 11-48　选择"竖版海报　　图 11-49　点击"导出"按钮 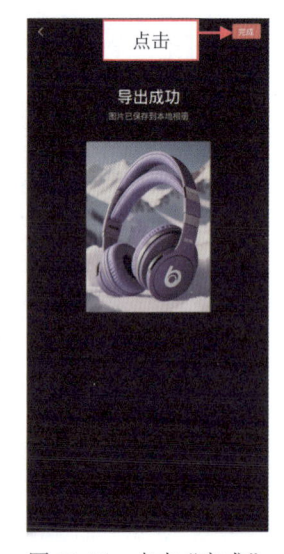　　图 11-50　点击"完成"
　　　　　（3：4）"选项　　　　　　　　　　　　　　　　　　　　　　　　按钮

应用篇

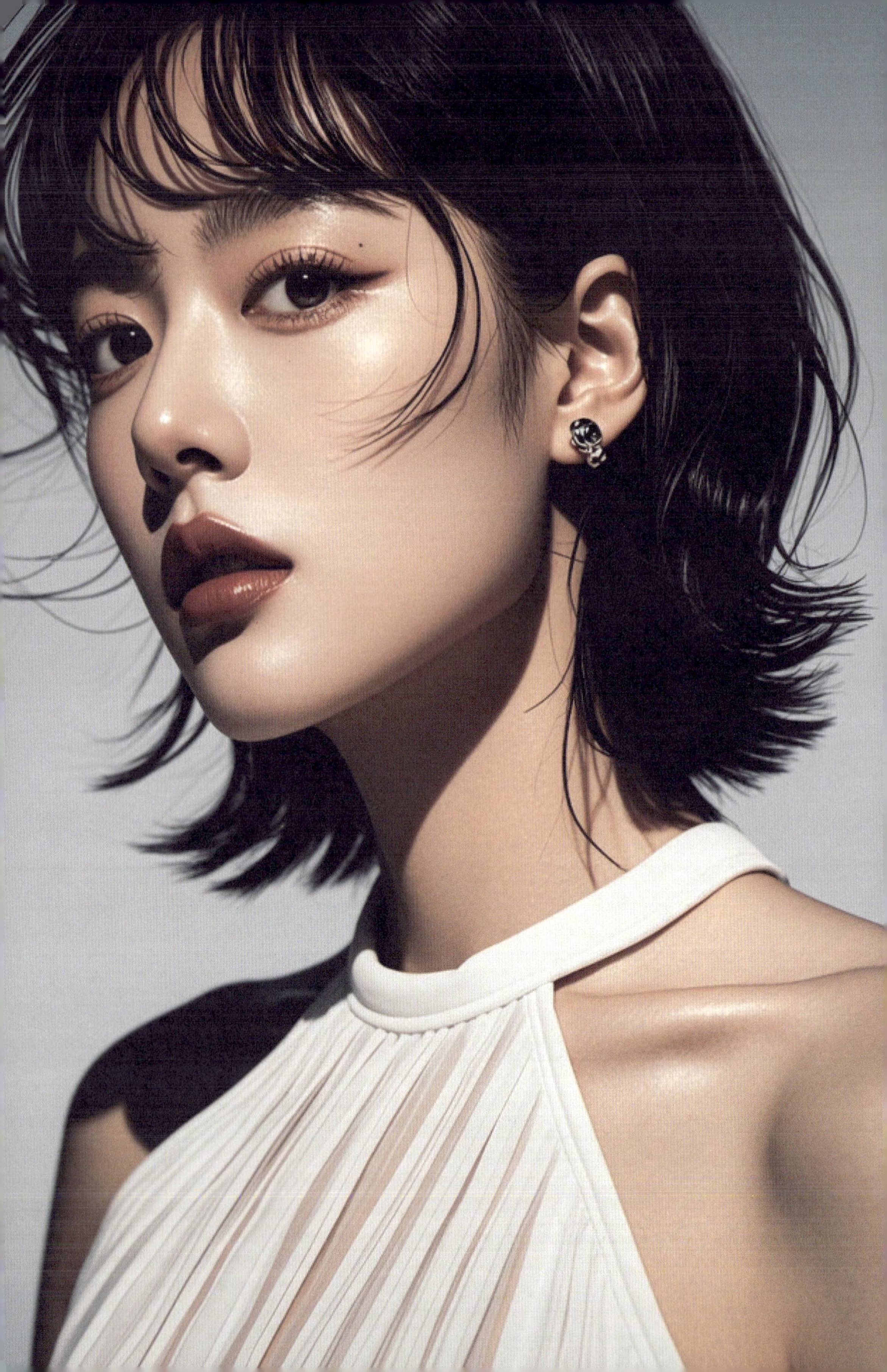

# 第 12 章
# AI 绘画：图片生成实战

随着人工智能技术的飞速发展，AI绘画已成为现实，它不仅改变了艺术创作的传统模式，还为我们提供了前所未有的便利和灵感。本章将通过4个具体的AI绘画实战案例，探讨如何利用即梦AI轻松生成数字艺术图像，帮助用户提高创作效率，实现个性化的艺术表达。

## 12.1 AI 艺术插画：儿童绘本

儿童绘本不仅仅是书籍，更是孩子们认识世界、激发想象力的重要媒介。儿童绘本以其丰富的想象力和教育意义，成为连接孩子与艺术的桥梁。

利用即梦AI独特的创造力和高效性，可以轻松创作儿童绘本这类AI艺术插画，从构思故事情境到选择色彩搭配，从角色设计到场景布局，每一步都可以借助AI来实现。本节将为大家讲解如何使用即梦AI创作出既美观又能启发思维的儿童绘本，效果如图12-1所示。

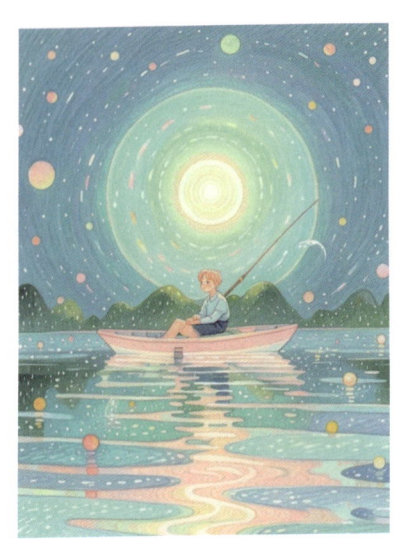

图 12-1　效果展示

### 12.1.1　图片生成：输入提示词

根据提示词生成插画，极大地缩短了传统手绘或数字绘画所需的时间，输入的提示词应包括主体、场景、动作、表情、色彩等要素，确保画面的完整性和协调性。下面介绍在即梦AI中输入提示词生成图片的操作方法。

步骤 1　进入"图片生成"页面，输入相应的提示词，用于指导AI生成特定的图像，如图12-2所示。

步骤 2　展开"模型"选项区，设置"生图模型"为"即梦 通用v1.4"，如图12-3所示。

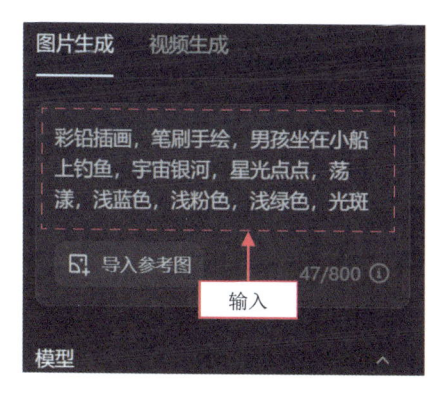

图 12-2 输入相应的提示词

图 12-3 设置"生图模型"选项

步骤 3　设置"精细度"为8，如图12-4所示，提升图像的细节表现力。

步骤 4　展开"比例"选项区，选择3∶4选项，将图像尺寸调整为竖图，如图12-5所示。

图 12-4 设置"精细度"参数

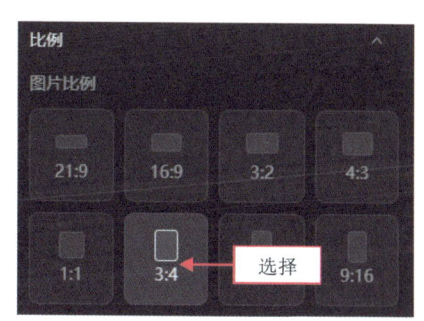

图 12-5 选择 3∶4 选项

步骤 5　单击"立即生成"按钮，即可生成相应的图像，效果如图12-6所示。

图 12-6 生成相应的图像效果

## 12.1.2 细节修复：高质量图像

传统的手绘或数字绘画在处理细节时需要耗费大量时间和精力，而即梦AI的"细节修复"功能可以有效修复模糊图像中的细节，使画面更加清晰、细腻，从而提升绘本插画的质量。下面介绍在即梦AI中使用"细节修复"功能生成高质量图像的操作方法。

步骤 1　在上一例的基础上，单击所选图像下方的"细节修复"按钮，如图12-7所示。

图 12-7　单击"细节修复"按钮

步骤 2　执行操作后，AI会对图像细节进行修复，即可生成质量更高的图像，效果如图12-8所示。使用与上相同的操作方法，可以对其他图像进行处理。

图 12-8　生成质量更高的图像效果

## 12.2 AI 产品设计：科技跑鞋

在当今竞争激烈的商业市场中，产品的包装设计不仅仅是保护商品的外壳，更是传递品牌价值、吸引消费者目光的重要媒介。使用即梦AI可以创造出引人注目且具有未来科技风格的跑鞋设计，效果如图12-9所示。

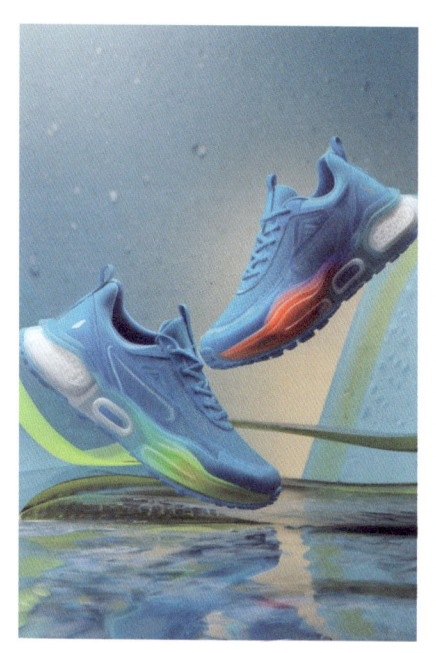

图 12-9　效果展示

### 12.2.1　图片生成：导入参考图

即梦AI导入参考图能够智能地识别并提取图中的轮廓边缘信息，这些轮廓边缘往往包含设计的关键元素和形态特征，是构成科技跑鞋外形的基础。AI能够基于这些轮廓边缘信息，重新构建出具有相似形态但可能更加精细或创新的科技跑鞋设计。下面介绍在即梦AI中导入参考图生成图片的操作方法。

步骤 1　进入"图片生成"页面，单击"导入参考图"按钮，弹出"打开"对话框，选择相应的参考图，如图12-10所示。

步骤 2 单击"打开"按钮,弹出"参考图"对话框,添加相应的参考图,单击"生图比例"按钮,如图12-11所示。

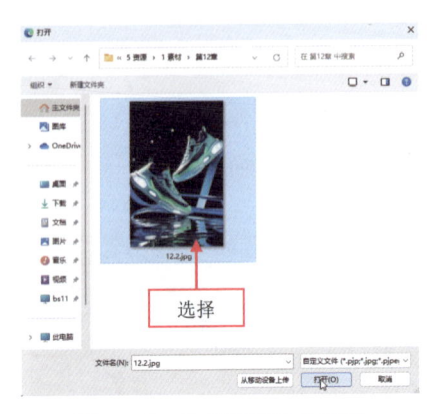

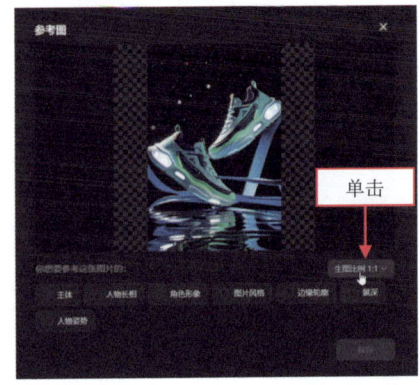

图 12-10 选择相应的参考图

图 12-11 单击"生图比例"按钮

步骤 3 执行操作后,弹出"图片比例"面板,选择2∶3选项,如图12-12所示。

步骤 4 执行操作后,即可将参考图的生图比例调整为竖图,如图12-13所示。

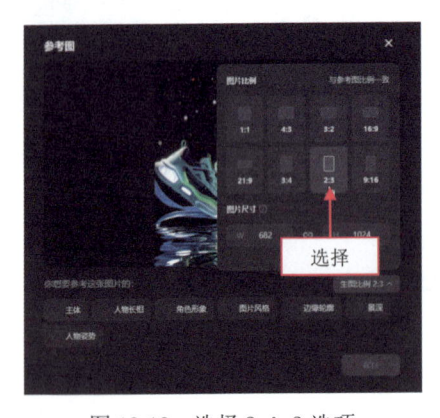

图 12-12 选择 2∶3 选项

图 12-13 将生图比例调整为竖图

步骤 5 选中"边缘轮廓"单选按钮,系统会自动检测图像中对象的边缘轮廓,并生成相应的轮廓图,如图12-14所示。

步骤 6 单击"参考程度"按钮,将其参数设置为50,可以控制AI生成图像时对原始边缘轮廓的依赖程度,如图12-15所示。

步骤 7 单击"保存"按钮,即可上传参考图,输入相应的提示词,用于指导AI生成特定的图像，如图12-16所示。

图 12-14　选中"边缘轮廓"单选按钮 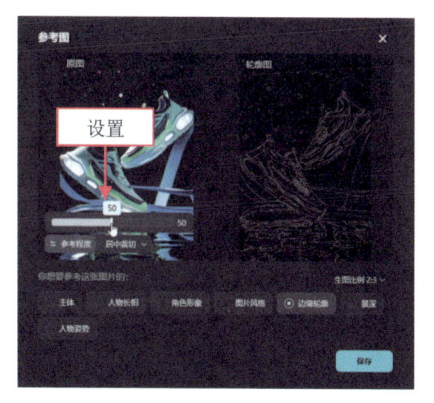　　图 12-15　设置"参考程度"参数

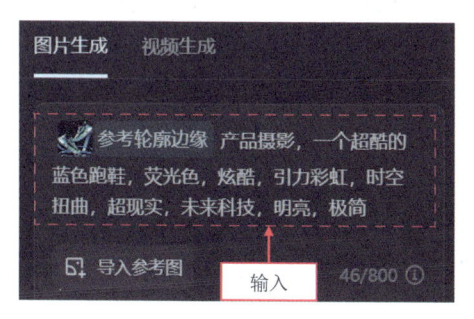

图 12-16　输入相应的提示词

步骤 8　单击"立即生成"按钮，AI会根据参考图中的边缘轮廓特征生成相应的图像，效果如图12-17所示。

图 12-17　生成相应的图像效果

## 12.2.2 超清图像：提高清晰度

通过AI算法对图像进行分析和处理，增加图像的像素密度，从而提高图像的分辨率。这使得图像在放大或显示在高分辨率屏幕上时，能够保持更加清晰和细腻的效果。除了提高分辨率外，"超清图"功能还可以通过算法对图像中的细节进行增强，包括锐化图像边缘、增加纹理细节等，使图像看起来更加真实和生动。下面介绍在即梦AI中使用"超清图"功能提高清晰度的操作方法。

步骤 1 在上一例的基础上，单击所选图像下方的"超清图"按钮 HD ，如图12-18所示。

图 12-18　单击"超清图"按钮

步骤 2 执行操作后，即可生成清晰度更高的图像，效果如图12-19所示。使用相同的操作方法，对其他图像进行处理。

图 12-19　生成清晰度更高的图像效果

## 12.3 AI 风景摄影：故宫雪景

风光摄影是一种旨在捕捉自然美的摄影艺术，在进行AI摄影绘图时，用户需要通过构图、光影、色彩等提示词，用AI生成自然景色照片，展现出大自然的魅力和神奇之处，将想象中的风景变成风光摄影大片。

本节将专注于如何运用即梦AI捕捉故宫的冬天，是那样宁静深远伴随着独特的韵味和美景，创作出令人叹为观止的AI风景摄影作品，效果如图12-20所示。

图 12-20　效果展示

### 12.3.1　图片生成：模型与比例

通过选择不同的生图模型，用户可以针对自己的需求，生成风格各异的图片。调整多种尺寸的图片比例，可以确保图片在不同平台上的展示效果达到最佳。下面介绍在即梦AI中改变模型与比例生成图片的操作方法。

步骤 1　进入"图片生成"页面，输入相应的提示词，用于指导AI生成特定的图像，如图12-21所示。

步骤 2　展开"模型"选项区，设置"生图模型"为"即梦 影视v1.4"，如图12-22所示。

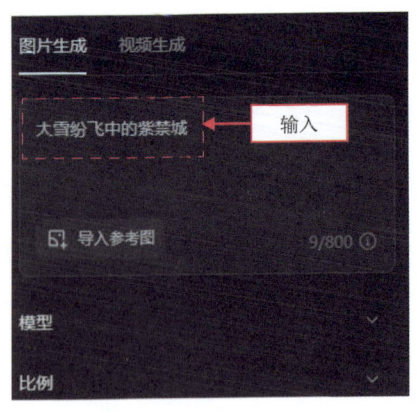

图 12-21　输入相应的提示词 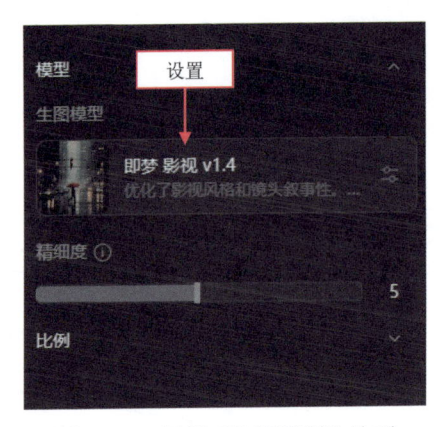　　　　图 12-22　设置"生图模型"选项

步骤 3　展开"比例"选项区，选择3∶4选项，将图像尺寸调整为竖图，如图12-23所示。

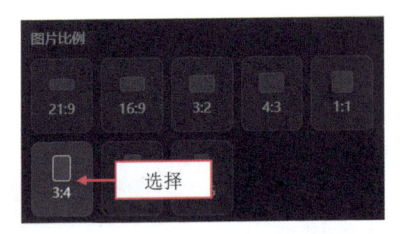

图 12-23　选择 3∶4 选项

步骤 4　单击"立即生成"按钮，即可生成相应的图像效果，如图12-24所示。

图 12-24　生成相应的图像效果

## 12.3.2　重新编辑：细化提示词

在所有的摄影题材中，人像的拍摄占据着非常大的比例，因此，如何用AI

生成人像照片也是很多初学者急切希望学会的。而国风人像摄影，作为一种深植于中华文化中的独特艺术风格，其古典美、服饰、妆容及背景元素，无不体现出东方美学的精髓。下面介绍在即梦AI中使用"重新编辑"功能细化提示词的操作方法。

步骤 1　在上一例的基础上，单击图像下方的"重新编辑"按钮，如图12-25所示。

图 12-25　单击"重新编辑"按钮

步骤 2　执行操作后，光标会自动定位到提示词上面，适当修改提示词，增加镜头位置、风格、分辨率等描述，可以使生成的效果更加精准，如图12-26所示。

步骤 3　在"模型"选项区中，设置"精细度"为8，如图12-27所示，提升图像的细节表现力。

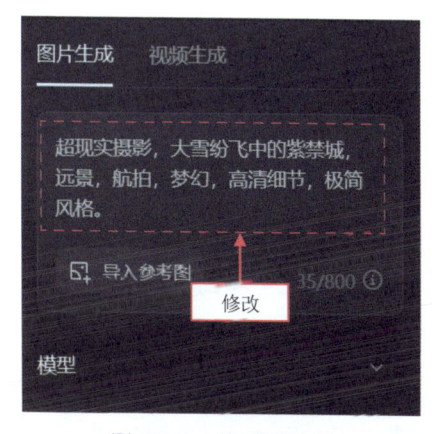

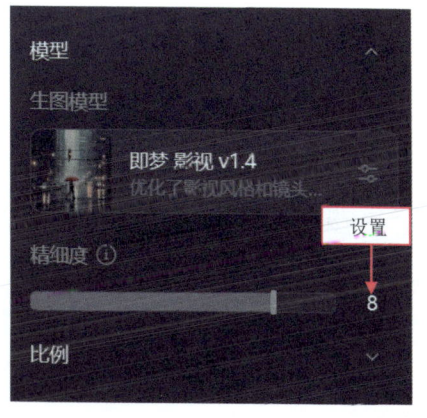

图 12-26　修改提示词　　　　图 12-27　设置"精细度"参数

189

步骤 4 单击"立即生成"按钮,即可生成相应的图像效果,如图12-28所示。

图 12-28 生成相应的图像效果

### 小贴士

由于AI模型能够直接生成图像,无须经历传统的手绘或摄影过程,国内的一些AI爱好者便将这一过程比喻为"施展魔法"。在这种比喻中,提示词就像是魔法的"咒语",而生成参数则是增强魔法效果的"魔杖"。提示词主要用于描述希望生成的图像内容。在书写提示词时,需要注意以下几点:

• 具体、清晰地描述所需的图像内容,避免使用模糊、抽象的词汇。

• 根据需要使用多个关键词组合,以覆盖更广泛的图像内容。

• AI生成的图像结果可能受到多种因素的影响,包括提示词、模型本身的性能和训练数据等。因此,有时候即便使用了正确的提示词,也可能会生成不符合预期的图像。

## 12.3.3 再次生成:提高精细度

在AI创作过程中,尤其是在图片和视频生成领域,画面的精细度是评价生成内容质量的重要指标之一。即梦AI平台通过提供"再次生成"功能,允许用户在初次生成结果不满意时对同一描述或素材进行再次处理,以期获得更高质量的画面效果。下面介绍在即梦AI中使用"再次生成"功能提高画面精细度的操作方法。

步骤 1 在上一例的基础上单击 ⟳ 按钮,再次生成相应的图像,如

图12-29所示，画面中的细节会更加精细。

图 12-29　单击相应按钮

步骤 2　执行操作后，可以根据修改后的提示词和生成参数，重新生成相应的图像，效果如图12-30所示。

图 12-30　重新生成相应的图像效果

## 12.4 AI 人像摄影：簪花女生

在所有的摄影题材中，人像的拍摄占据着非常大的比例，因此，如何用AI生成人像照片也是很多初学者急切希望学会的。而传统簪花与现代写真结合的人像摄影，作为一种传统文化与新时代的审美结合，不仅展现了中华传统文化，而且传统簪花与写真摄影相得益彰，能够展现出一种古典而优雅的美，使模特儿仿佛穿越时空，回到古代的宫廷或民间，营造出一种梦幻而唯美的氛围。

本节将聚焦于如何使用即梦AI创作出具有传统簪花风格的人物图像，指导AI从服饰的精致纹理到配饰的细腻描绘，利用AI技术来增强这些细节的表现力，同时保持人物肖像的自然和谐，效果如图12-31所示。

图 12-31　效果展示

## 12.4.1　智能画布：上传参考图

上传图片是智能画布功能进行图片编辑和创作的第一步。通过上传自己选择的图片，用户可以为后续的编辑和创作提供一个具体的、可视化的基础。用户可以从自己的相册、网络图片库等多种途径获取图片素材，这些素材的多样性和丰富性为创作提供了无限可能。下面介绍在即梦AI中使用"智能画布"功能上传图片的操作方法。

步骤 1　进入即梦AI的官网首页，在"AI创作"选项区中，单击"智能画布"按钮，如图12-32所示，即可新建一个智能画布。

步骤 2　单击页面左侧的"上传图片"按钮，如图12-33所示。

步骤 3　执行操作后，弹出"打开"对话框，选择相应的参考图，如

图 12-32　单击"智能画布"按钮 　　　　图 12-33　单击"上传图片"按钮

图12-34所示，单击"打开"按钮，即可将图片导入。

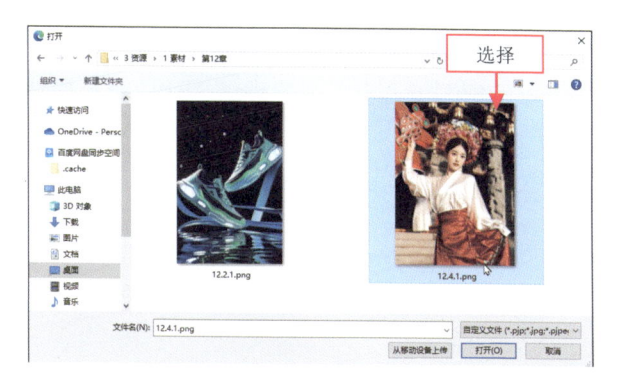

图 12-34　选择相应的参考图

步骤 4　单击上方的分辨率参数（1 024×1 024），弹出"画板调节"面板，在"画板比例"选项区中选择3∶4选项，如图12-35所示，即可将画板比例调整为图像尺寸一致。

图 12-35　选择 3∶4 选项

步骤 5　执行操作后，将图像调整至画布的合适位置，如图12-36所示。

图 12-36　调整图像至画布的合适位置

193

## 12.4.2 图生图：生成全新图像

用户可以将现有的图片导入，结合用户输入的提示词，生成全新的图像。这种方式不仅限于简单的复制或调整，而是能够创作出具有独特创意和风格的图像。这种灵活性使得用户能够轻松实现个性化的图像创作。下面介绍在即梦AI中使用"智能画布"功能生成全新图像的操作方法。

步骤 1　在上一例的基础上，在左侧的"新建"选项区中，单击"图生图"按钮，执行操作后，展开"新建图生图"面板，输入相应的提示词，指导AI生成特定的图像，如图12-37所示。

图 12-37　输入相应的提示词

步骤 2　❶在"高级设置"|"混合参考"选项区中，选中"图片信息"单选按钮；❷弹出"图片信息设置"对话框，设置"参考程度"为30，如图12-38所示，让AI参考图片的信息。

图 12-38　设置参考程度

步骤 3　单击"立即生成"按钮，即可生成相应的图像，同时会生成一个"图层2"图层，如图12-39所示。

图 12-39　生成相应的图像和图层

## 12.4.3　高级设置：提升图像美感

即梦AI智能画布中的"扩图"功能，可以轻松将画面边界拓宽，细节自然融入，让灵感不再受限于尺寸，无限放大你的想象世界。更令人赞叹的是"无损画质"技术，即便在图像扩展的过程中，也能确保每一像素的清晰与细腻。下面介绍在即梦AI中提升图像美感的操作方法。

步骤 1　在上一例的基础上，在"图层2"中选择合适的图片，切换至画布中的图像效果，如图12-40所示。

步骤 2　在图像上方的工具栏中单击"扩图"按钮，如图12-41所示。

图 12-40　切换画布中的图像效果　　　图 12-41　单击"扩图"按钮

步骤 3　执行操作后，弹出"扩图"对话框，选择16∶9选项，将画布扩展为横图，如图12-42所示，单击"扩图"按钮。

图 12-42　选择 16∶9 选项

步骤 4　执行操作后，即可生成相应的图像，AI会在原效果图的基础上绘制扩展画布中的图像，选择合适的图像，如图12-43所示，单击"完成编辑"按钮，即可选择图片效果。

图 12-43　选择合适的图像

步骤 5　将"画板比例"设置为16∶9，并调整扩图后的图像大小，效果如图12-44所示。

步骤 6　在图像上方的工具栏中单击"无损超清"按钮，如图12-45所示，即可修复图像画质。

图 12-44　调整扩图后的图像大小

图 12-45　单击"无损超清"按钮

步骤 7　单击"导出"按钮,弹出"导出设置"对话框,如图12-46所示,单击"下载"按钮,即可导出最终效果。

图 12-46　弹出"导出设置"对话框

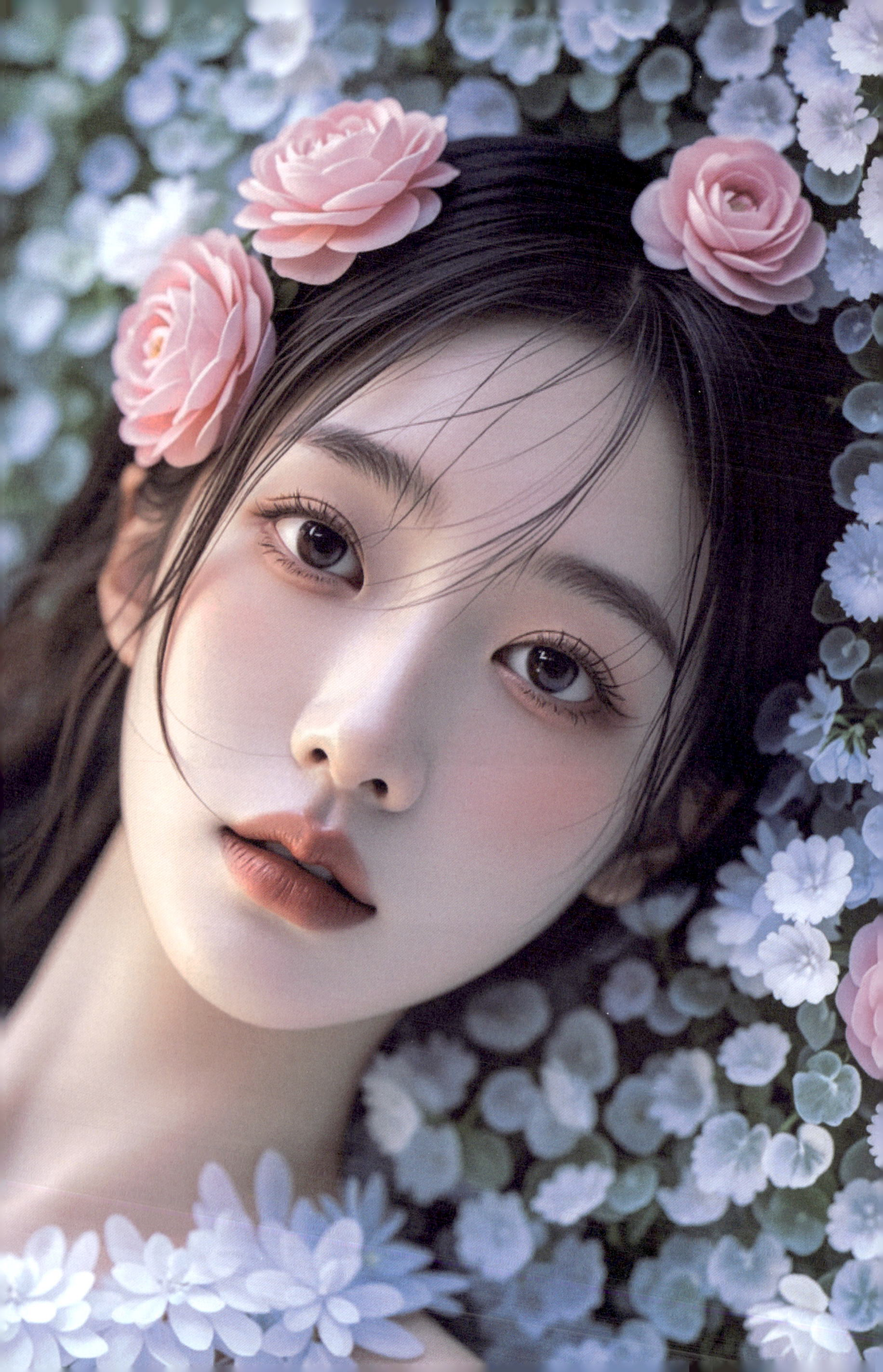

# 第13章
# AI 视频：画面生成实战

在数字媒体的浪潮中，即梦AI的AI生成视频技术不仅极大地简化了视频创作的流程，还为创意表达开辟了全新的维度。本章将通过4个具体的AI视频实战案例，探索如何利用即梦AI将静态图像、文字描述甚至想象中的场景转化为生动的视频内容。

## 13.1 AI 电影预告：末日逃亡

在电影产业中，预告片是吸引观众、激发观影欲望的重要工具。随着人工智能技术的飞速发展，AI生成电影预告片段已成为可能，为视频编辑和创意制作开辟了新天地。通过AI的力量可以创造出令人兴奋的电影预告片，效果如图13-1所示。

图 13-1　效果展示

### 13.1.1　使用尾帧：变化更流畅

首帧图片与尾帧图片之间的过渡是视频生成过程中的重要环节。通过上传首帧和尾帧图片，用户可以更精确地控制这一过渡过程，使得视频中的画面变化更加自然流畅。在一些需要特定过渡效果的场景中，如广告、宣传片等，尾帧图片的上传和使用显得尤为重要，下面介绍在即梦AI中"使用尾帧"功能的操作方法。

步骤 1　进入"视频生成"页面中的"图片生视频"选项卡，单击"上传图片"按钮，弹出"打开"对话框，❶选择相应的参考图；❷单击"打开"按钮，如图13-2所示，即可上传参考图。

步骤 2　❶开启"使用尾帧"功能,之前上传的参考图默认为起始帧;❷单击"上传尾帧图片"按钮,上传一张参考图,作为AI视频的结束帧,如图13-3所示。

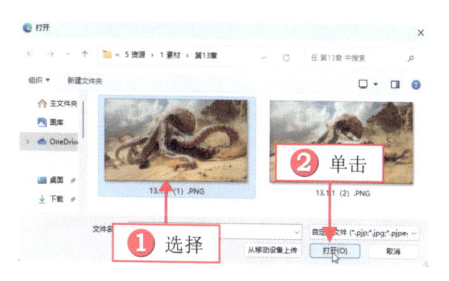

图 13-2　单击"打开"按钮

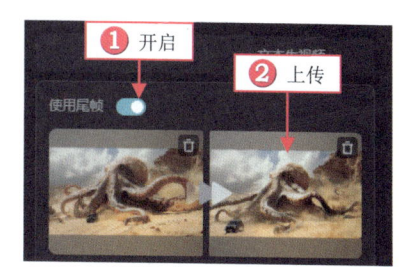

图 13-3　上传尾帧图片

## 13.1.2　添加提示词:使过渡更加流畅

提示词不仅可以用于描述视频的整体风格和氛围,还可以用来构建故事情节。在使用尾帧时,通过添加提示词,用户可以引导AI系统更好地理解并生成与尾帧相关的视频内容,从而增加视频的故事性和连贯性。

下面介绍在即梦AI中添加提示词使过渡更加流畅的操作方法。

步骤 1　在上一例的基础上,输入相应的提示词,用于指导AI生成特定的视频,如图13-4所示。

步骤 2　展开"运动速度"选项区,设置"运动速度"为"快速",如图13-5所示,快速的镜头运动可以为视频增加一种紧迫感,同时为观众带来更震撼的观看体验。

图 13-4　输入相应的提示词

图 13-5　设置"运动速度"为快速

201

步骤 3　单击"生成视频"按钮,即可开始生成视频,稍等片刻,即可生成相应的视频效果,如图13-6所示。

图 13-6　生成相应的视频效果

### 小贴士

提示词(或称关键词)是AI作图的起点和核心,它们直接影响着最终图像的质量和创意。通过精心编写的提示词可以让用户更好地利用AI的创作能力。

提示词的作用至关重要,它们不仅指导AI系统如何生成图像,还影响最终作品的风格、内容、细节等多个方面。

它们不仅帮助用户明确创作意图、细化图像特征、设定图像风格、增强情感表达,还提高了创作效率并拓展了创作边界。因此,在使用AI作图技术时,掌握提示词的运用技巧是非常重要的。

## 13.2　AI 动物记录:悠闲小猫

在探索自然界的奥秘和动物的生活习性时,AI技术的应用正逐渐改变我们记录和呈现这些瞬间的方式。本节将深入讨论如何使用即梦AI来辅助动物摄影记录片的创作,利用AI算法增强影像的真实感和细节,效果如图13-7所示。

图 13-7 效果展示

## 13.2.1 文生图：确定视频基调

在即梦AI中使用文生图来确定生成的视频基调，通过输入描述性的文本，文生图能够生成与之相匹配的图像，它不仅能够明确视觉风格、引导创意思维和提升制作效率，还能够增强观众的观看体验。

下面介绍在即梦AI中使用文生图功能确定生成的视频基调的操作方法。

步骤 1　进入"图片生成"页面，输入相应的提示词，用于指导AI生成特定的图像，如图13-8所示。

步骤 2　单击"比例"选项右侧的 按钮，展开"比例"选项区，选择3∶4选项，如图13-9所示，将画面尺寸调整为竖图。

步骤 3　单击"立即生成"按钮，即可生成相应比例的图像，效果如图13-10所示。

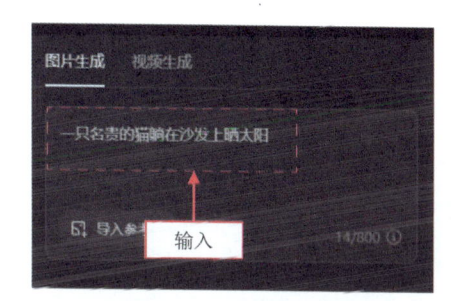

图 13-8　输入相应的提示词

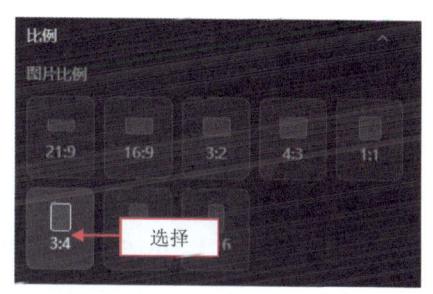

图 13-9　选择3∶4选项

图 13-10 生成相应的图像效果

步骤 4 选择合适的图像，单击所选图片右上角的"下载"按钮，如图13-11所示，即可下载所选的单张图片。

图 13-11 单击"下载"按钮

## 13.2.2 图文生视频：更改设置

通过即梦AI平台的图文生视频功能，用户可以根据视频的创意需求和目标观众的喜好，灵活调整运镜和运动速度等设置，以达到最佳的视觉效果和叙事效果。下面介绍在即梦AI中使用图文生视频，并更改相应设置生成视频的操作方法。

> 🛈 小贴士
>
> 在即梦AI中更改图文生视频功能里的运镜、运动速度等设置，可以增强视觉叙事，不同的运镜和运动速度可以增强视频的视觉叙事，调整运动速度可以影响观众的情感体验，如快速运动可能传达紧张或兴奋，而慢速运动可能

表达宁静或悲伤，适当的运动速度可以为视频增添动感，避免画面显得过于静态。

不同的视频内容可能需要不同的运镜和运动速度，以适应特定的主题和风格。特定的运镜技巧，如推拉、旋转等，可以创造具有艺术感的视觉效果。

步骤 1　在上一例的基础上，进入"视频生成"页面中的"图片生视频"选项卡，单击"上传图片"按钮，弹出"打开"对话框，选择相应的参考图，如图13-12所示。

步骤 2　单击"打开"按钮，即可上传参考图，输入相应的提示词，用于指导AI生成特定的视频，如图13-13所示。

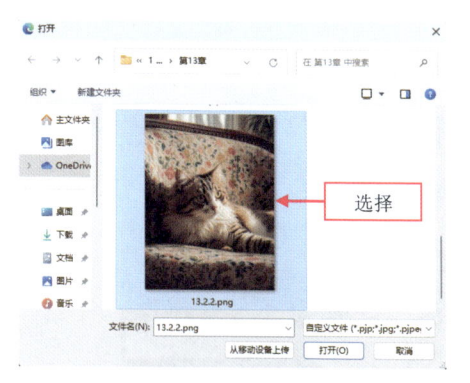

图13-12　选择相应的参考图 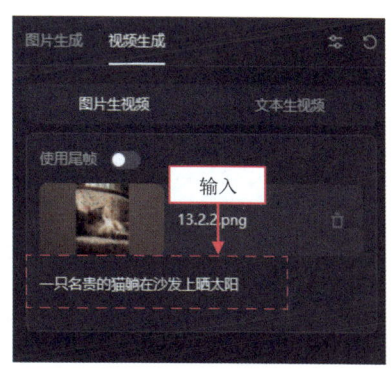　　　图13-13　输入相应的提示词

步骤 3　❶单击"随机运镜"按钮；❷在弹出的"运镜控制"面板中单击"变焦"右侧的 按钮；❸单击"应用"按钮，如图13-14所示，即可使镜头画面缩小。

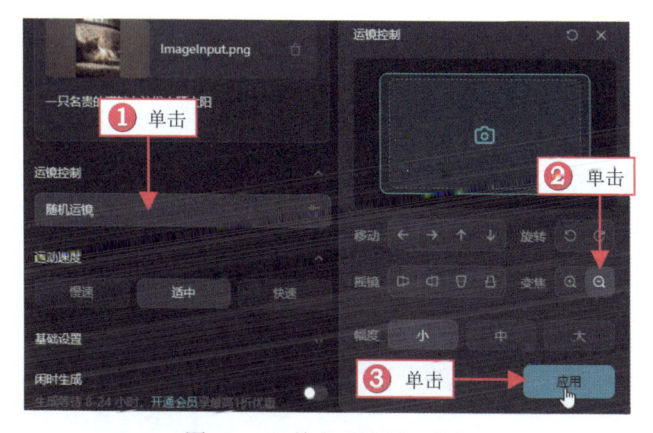

图13-14　单击"应用"按钮

步骤 4　设置"运动速度"为"慢速",如图13-15所示,通过慢慢接近拍摄对象,可以突出画面中的某个特定元素,使其成为观众注意的焦点。

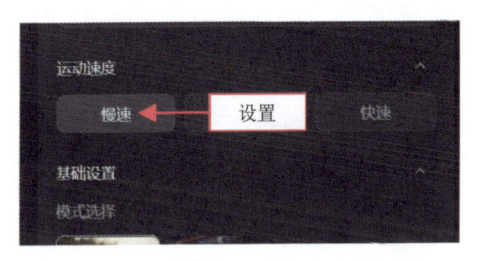

图 13-15　设置"运动速度"为慢速

步骤 5　单击"生成视频"按钮,稍等片刻,即可生成相应的视频效果,如图13-16所示。

图 13-16　生成相应的视频效果

## 13.3 AI 游戏 CG:黄金圣殿

计算机图形学(computer graphics, CG)视频是一种展示游戏故事背景、角色设定和视觉风格的有效手段,一般在游戏宣传及游戏过程中衔接剧情时使用,对于游戏的细致描述和剧情起到升华的作用。

本节主要运用即梦AI来打造一部游戏CG视频,通过AI算法来实现逼真的动画和流畅的镜头运动,将游戏的世界观、角色和情感深度,生动地呈现给观众,效果如图13-17所示。

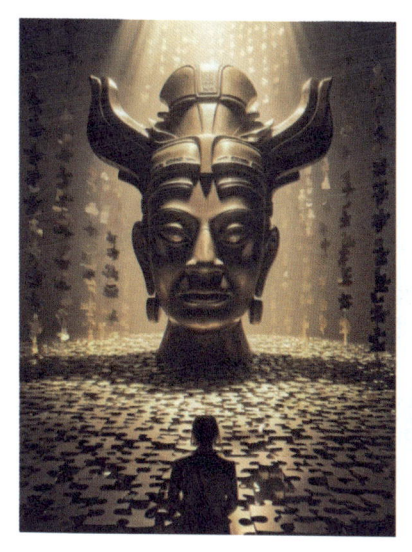

图 13-17　效果展示

## 13.3.1　文生图：设置生图精细度

用户可以根据生成的图像进一步构建视频中的场景和画面，使视频内容更加丰富和生动。这些图像可以作为场景构建的参考，帮助创作者更好地把握视频的整体布局和节奏。下面介绍在即梦AI中设置文生图功能中的精细度来生成图片的操作方法。

步骤 1　进入"图片生成"页面，输入相应的提示词，用于指导AI生成特定的图像，如图13-18所示。

步骤 2　设置"精细度"参数为10，如图13-19所示，更高的精细度数值能使生成的AI图片具有更多的细节和更逼真的效果，同时会增加AI处理图像所需的时间。

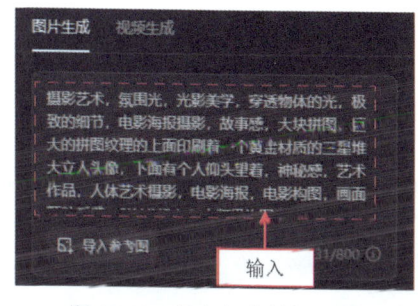

图 13-18　输入相应的提示词　　　图 13-19　设置"精细度"参数

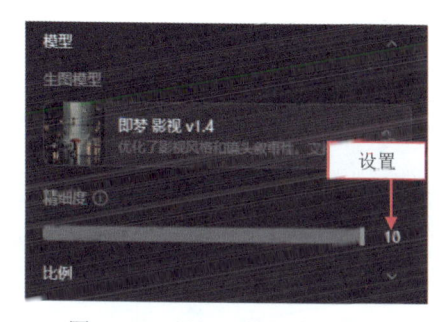

步骤 3 单击"立即生成"按钮，即可生成相应比例的图像，效果如图13-20所示，选择合适的图像，单击所选图片右上角的"下载"按钮，即可下载所选的单张图片。

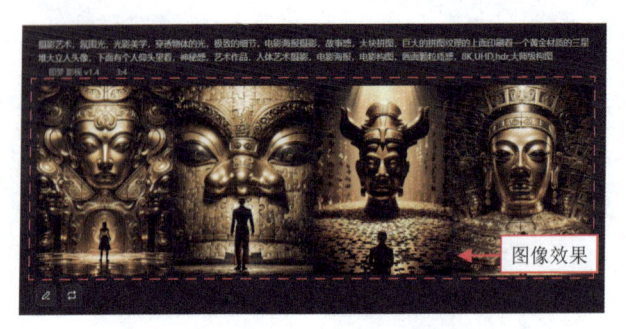

图 13-20 生成相应的图像效果

## 13.3.2 图生视频：上传参考图

即梦AI的"图生视频"功能能够基于用户上传的参考图，快速生成与之相关的视频内容。这种高效的创作方式极大地节省了用户的时间和精力，使得用户能够更专注于创意的构思和优化，而不是烦琐的制作过程。用户可以将自己脑海中的创意或构思，通过具体的参考图形式上传，利用即梦AI的"图生视频"功能，将这些静态的图像转化为动态的视频内容。下面介绍在即梦AI中使用"图生视频"功能中的上传参考图生成视频的操作方法。

步骤 1 在上一例的基础上，进入"视频生成"页面中的"图片生视频"选项卡，单击"上传图片"按钮，弹出"打开"对话框，选择相应的参考图，如图13-21所示，单击"打开"按钮，即可上传参考图。

图 13-21 选择相应的参考图

步骤 2　单击"生成视频"按钮，稍等片刻，即可生成相应的视频效果，如图13-22所示。

图 13-22　生成相应的视频效果

> **小贴士**
>
> 需要注意的是，本章案例的最终效果是利用剪映完成剪辑和合成的，并在此期间加入了相应的背景音乐与音效。对于渴望掌握更多视频编辑技巧的读者，推荐阅读《剪映+Premiere视频剪辑一本通（电脑版）》这本书。

## 13.4　AI 风景视频：雨中竹叶

通过即梦AI的视频生成功能，我们可以将想象中的自然风光转化为可视化的视频内容，创造出令人惊叹的虚拟风景。本节主要介绍如何将AI生成的视频与人类艺术家的创意思维相结合，创造出既具有技术感又富有艺术性的雨中竹叶视频，效果如图13-23所示。

图 13-23　效果展示

## 13.4.1 文生视频：设置相应参数

运镜的选择和处理可以影响观众对视频内容的情感感知。例如，缓慢的镜头移动可以营造出温馨、宁静的氛围，而快速的镜头切换则可以营造出紧张、刺激的氛围。在即梦AI的"文生视频"功能中，用户可以根据视频内容的需要，选择合适的运镜参数来传达特定的情感。运镜也是构建视频故事的重要手段之一。通过镜头的选择和切换，用户可以引导观众的注意力，控制故事的节奏和走向，使视频内容更加连贯、有吸引力。下面介绍在即梦AI中使用"文本生视频"功能设置相应参数生成视频的操作方法。

步骤 1  进入"视频生成"页面中的"图片生视频"选项卡，单击"上传图片"按钮，弹出"打开"对话框，选择相应的参考图，如图13-24所示。

步骤 2  单击"打开"按钮，即可上传参考图，输入相应的提示词，用于指导AI生成特定的视频，如图13-25所示。

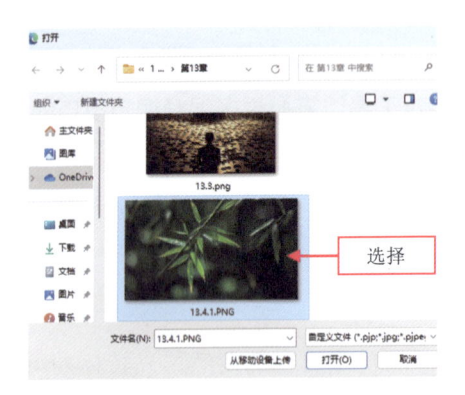

图 13-24　选择相应的参考图

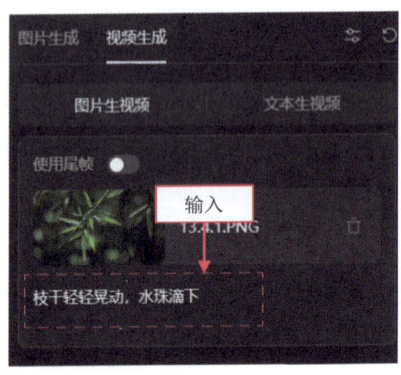

图 13-25　输入相应的提示词

步骤 3  ❶单击"随机运镜"按钮；❷在弹出的"运镜控制"面板中单击"变焦"右侧的 按钮；❸单击"应用"按钮，如图13-26所示，即可使镜头画面缩小。

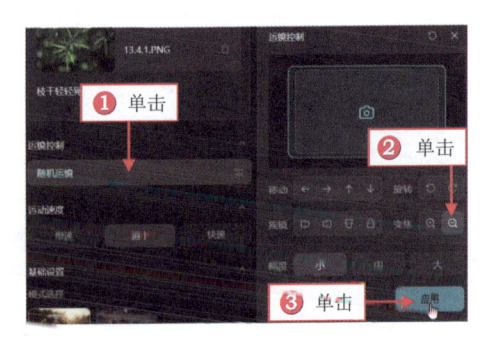

图 13-26　单击"应用"按钮

步骤 4　设置"运动速度"为"慢速",如图13-27所示,减慢运动速度,可以让观众更深入地感受视频场景的情感氛围。

图13-27　设置"运动速度"为"慢速"

步骤 5　单击"生成视频"按钮,稍等片刻,即可生成相应的视频效果,如图13-28所示。

图13-28　生成相应的视频效果

## 13.4.2　重新生成:快速再生视频

当用户对首次生成的视频效果不满意时,通过"重新生成"功能可以迅速获得新的视频效果,而无须重新输入文字描述或调整其他设置,这极大地提高了视频生成的灵活性和效率,使用户能够更快地找到满意的视频效果。下面介绍在即梦AI中使用"重新生成"功能再次生成视频的操作方法。

步骤 1　在上一例的基础上,单击视频效果的下方的 按钮,如图13-29所示。

图 13-29 单击相应按钮

步骤 2 稍等片刻，即可生成相应的视频效果，如图13-30所示。

图 13-30 生成相应的视频效果

### 小贴士

需要注意的是，尽管即梦AI的视频生成功能在创新性和便利性方面取得了显著进展，但它在模拟真实世界状态方面仍有局限。例如，在本案例中，当尝试延长视频时长时，我们观察到月亮的形状和天空的变化出现了一些不自然之处，这些瑕疵是当前大多数AI视频生成模型普遍存在的问题。相信即梦AI平台会在后续的更新中，持续改进AI模型的算法，使其能够更准确地理解和模拟现实世界中的物理规律和视觉现象。

# 第 14 章
## 从无到有：全流程实战

使用即梦AI与剪映电脑版从无到有生成视频并加工处理成一段完整的视频，极大地简化了创作流程，让复杂的构思迅速转化为生动的视觉故事。它不仅激发了无限的创意潜能，还通过智能化处理加速了制作速度，确保了高质量内容的快速产出，为创作者、企业及内容生产者带来了前所未有的便捷与效率。

## 14.1 无中生有：生成视频素材

即梦AI将无垠想象转化为生动的视频素材。无论是广告创意、影视特效还是个人短片，即梦AI都能高效助力，激发无限可能，加速内容创作进程，为观众带来前所未有的视觉震撼。它颠覆传统创作模式，让创意者能即时构建梦幻场景。本节主要介绍在即梦AI中图文生图及图文生视频的具体操作步骤，效果如图14-1所示。

图 14-1　效果欣赏

### 14.1.1 文生图：生成相应图片

即梦AI的文生图技术，将用户的文字想象瞬间转化为生动逼真的图像。无论是描绘梦幻般的风景、构思复杂的人物场景，还是勾勒细腻的情感瞬间，只需寥寥数语，该技术便能智能解析文字生成与之完美匹配的视觉作品。下面介绍在即梦AI中使用文本生成图片的操作方法。

步骤 1　进入"图片生成"页面，输入相应的提示词，用于指导AI生成特定的图像，如图14-2所示。

步骤 2　❶在"模型"选项区中设置"精细度"参数为10，使生成的画面更加精细；❷在"比例"选项区中设置"图片比例"为16：9，将图片设置为横屏比例，如图14-3所示。

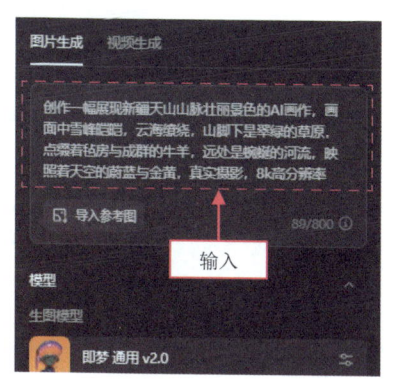

图14-2 输入相应的提示词

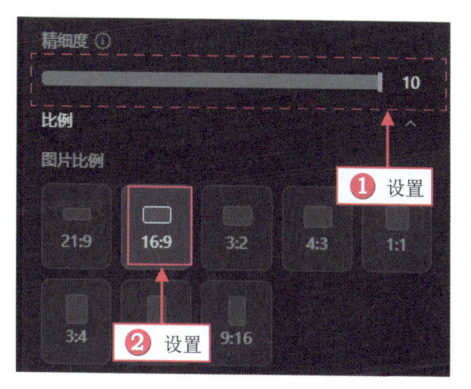

图14-3 设置相应参数

步骤 3 单击"立即生成"按钮，AI即可生成具有强烈视觉吸引力的图像效果，能够立即抓住观众的注意力，效果如图14-4所示。

图14-4 生成相应的图像效果

步骤 4 选择合适的图像，单击下方的"超清图"按钮 HD ，如图14-5所示，即可在页面下方生成所选图片效果的超清图。

图14-5 单击"超清图"按钮

步骤 5 单击所生成的超清图右上角的"下载"按钮，如图14-6所示，即可下载超清图。

215

图 14-6 单击"下载"按钮

步骤 6　用与上相同的方法，输入相应的提示词，即可指导AI生成4张图像效果，如图14-7所示，选择第2张图片下载至电脑中。

图 14-7　生成图像效果

## 14.1.2　图生图：创建相似角色

即梦AI中的图生图技术，在数字世界中巧妙捕捉灵感火花。它利用先进的图像生成算法，分析用户提供的图片精髓，于无形梦境中孕育出形态相似、细节各异的图像。它不仅让梦中的想象力得以具象化，还能根据已有的角色蓝图，衍生出形态各异却又神韵相通的新角色。无论是艺术探索、设计辅助还是娱乐消遣，都能轻松实现图像风格的快速转换与多样化呈现，让想象触手可及，创意无限循环。下面介绍在即梦AI中使用图生图创建相似角色的操作方法。

步骤 1　在上一例的基础上，单击"导入参考图"按钮，如图14-8所示。

步骤 2  执行操作后，弹出"打开"对话框，选择需要上传的参考图，如图14-9所示。

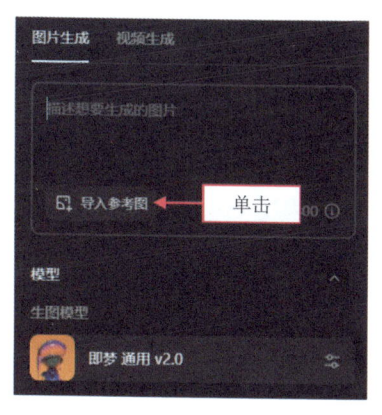

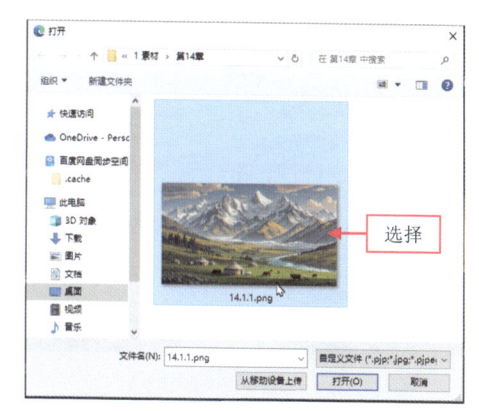

图 14-8  单击"导入参考图"按钮

图 14-9  选择需要上传的参考图

步骤 3  单击"打开"按钮，弹出"参考图"对话框，即可根据需求设置参考类型，如图14-10所示。

步骤 4  选中"角色特征"单选按钮，如图14-11所示，此时AI会自动识别参考图中的角色形象。

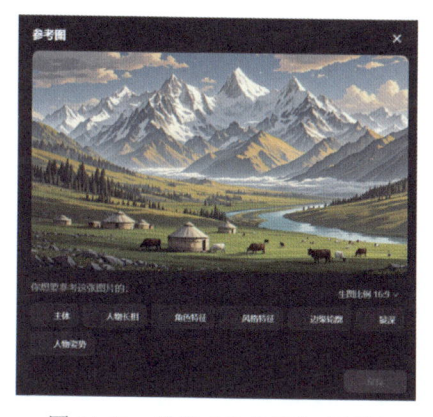

图 14-10  弹出"参考图"对话框

图 14-11  选中"角色特征"单选按钮

步骤 5  单击"保存"按钮，返回"图片生成"页面，输入框中显示了已上传的参考图，输入相应的提示词，如图14-12所示，指导AI生成特定的图像。

步骤 6  设置"生图模型"为"即梦 通用v1.4"模型，熟练运用摄影写实风格与绘画风格，如图14-13所示。

步骤 7  单击"立即生成"按钮，即可生成4幅相应的图像效果，如

217

图14-14所示，通过生成的图片可以看出，AI从参考图片中提取的角色，并应用到了图片的生成过程中，创建出了在视觉上与角色相协调的背景图像。

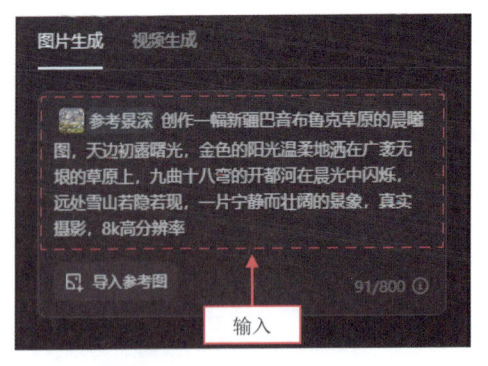

图 14-12　生成 4 幅相应的 AI 图片

图 14-13　设置生图模型

图 14-14　生成 4 幅相应的图像效果

步骤 8　用与上相同的方法输入相应的提示词，生成新的图像效果，如图14-15所示，选择第3张图片下载至电脑中。

图 14-15　生成新的图像效果

### 14.1.3　文生视频：创造梦想场景

即梦AI的文生视频，以创意无限的想象力为笔，精心绘制每一个梦想者的心灵画卷。通过视觉与情感的双重触动，不仅激发了无限想象力，让每个人心中的梦想蓝图得以具象化展现，还促进了情感共鸣与自我激励，引导每个人勇敢追求并实现自己的梦想，让生活的每一个角落都充满无限可能。下面介绍在即梦AI中使用文本生成视频的操作方法。

步骤 1　在上一例的基础上，进入"视频生成"页面，❶切换至"文本生视频"选项卡；❷输入相应的提示词，用于指导AI生成特定的视频；❸单击"生成视频"按钮，如图14-16所示。

图 14-16　单击"生成视频"按钮

步骤 2　执行操作后，AI开始解析视频描述内容并转化为视觉元素，显示了视频的画面效果，将鼠标移至视频画面上，即可自动播放AI视频效果，如图14-17所示。

图 14-17　自动播放 AI 视频效果

## 14.1.4　图生视频：生成系列效果

即梦AI的图生视频这一技术如同魔法般将创意与梦境无缝融合，它不仅能够根据用户的想象实时绘制出绚丽多彩的视觉场景，还能通过智能算法，为这些

219

场景添加上令人惊叹的系列效果——从细腻的光影变幻到宏大的场景转换，再到细腻的情感氛围营造，每一帧都仿佛是从梦境深处精雕细琢的艺术品，为用户带来前所未有的沉浸式视觉盛宴。下面介绍在即梦AI中使用图片生成视频的操作方法。

步骤1 在上一例的基础上，切换至"图片生视频"选项卡，单击"上传图片"按钮，弹出"打开"对话框，选择相应的参考图，如图14-18所示。

步骤2 单击"打开"按钮，即可上传参考图，输入相应的提示词，用于指导AI生成特定的视频，如图14-19所示。

图14-18 选择相应的参考图 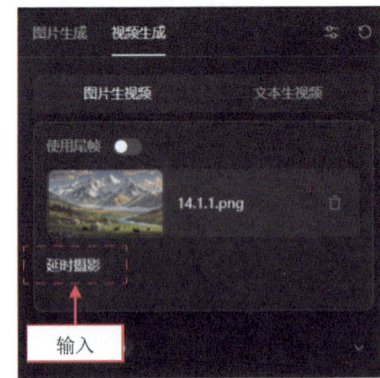　　图14-19 输入相应的提示词

步骤3 展开"运动速度"选项区，选择"慢速"选项，如图14-20所示，使视频生成慢速的运动速度。

步骤4 单击"生成视频"按钮，稍等片刻，即可生成相应的视频效果，如图14-21所示。

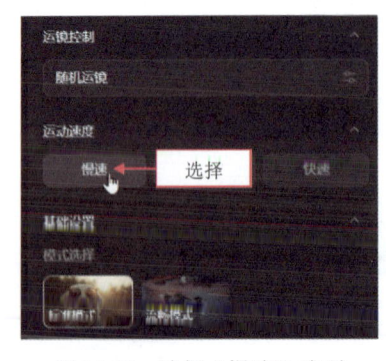

图14-20 选择"慢速"选项 　　图14-21 生成相应的视频效果

步骤5　单击所生成的图片下方的"生成视频"按钮，如图14-22所示，即可将图片自动上传至参考图。

图14-22　单击"生成视频"按钮

步骤6　单击"生成视频"按钮，稍等片刻，即可生成相应的视频效果，如图14-23所示。

图14-23　生成相应的视频效果

步骤7　用与上相同的操作方法，依次上传相应的图片，生成两段视频效果，如图14-24所示，下载保存需要的视频效果至电脑中。

图 14-24　生成相应的视频效果

## 14.2 整合素材：剪成综合效果

使用即梦 AI 生成风景合集的作用在于极大地丰富和简化了风景摄影与创意视频制作的流程。通过这款先进的 AI 工具，用户可以轻松生成各种风景，无论是壮丽的山川湖泊、绚烂的日出日落，还是宁静的田园风光，都能在瞬间被整合成一个个令人叹为观止的风景合集。本节主要介绍在剪映电脑版中将多个视频组合成完整视频的具体操作方法。

### 14.2.1 导入素材：制作基础步骤

在剪映中导入素材是视频编辑的基础步骤，它能让创意想法跃然屏上。无论是拍摄的视频、精选的图片还是动听的音频，都能轻松添加到项目中。这一步骤为后续编辑搭建了框架，让视频制作变得有条不紊。下面介绍在剪映电脑版中导入素材的操作方法。

步骤 1　单击"本地"选项卡中的"导入"按钮，如图 14-25 所示。

步骤 2　弹出"请选择媒体资源"对话框，❶选择文件夹中的视频素材；❷单击"打开"按钮，如图 14-26 所示。

步骤 3　执行操作后，即可将相应的素材导入"本地"选项卡中，如图 14-27 所示。

步骤 4　单击第 1 个视频素材右下角的"添加到轨道"按钮 +，如图 14-28 所示，将素材导入视频轨道中。

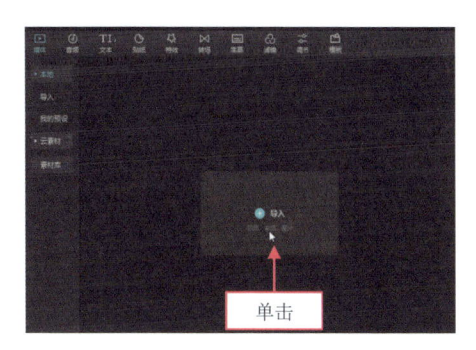

图 14-25 单击"导入"按钮

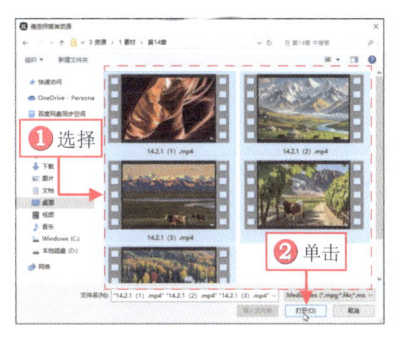

图 14-26 单击"打开"按钮

图 14-27 导入视频素材

图 14-28 单击"添加到轨道"按钮

## 14.2.2 添加转场：增强视觉效果

在剪映中添加转场效果，犹如为视频段落间搭起了一座座桥梁，不仅流畅地连接了不同场景，更在视觉上赋予了跃动的生命力，是增强视频视觉效果的关键一环。它能够巧妙地将不同素材片段无缝衔接，创造出流畅的视觉过渡，使视频内容更加连贯且富有层次感。

223

从基础的淡入淡出到炫酷的溶解、推进等转场特效，多样化的选择让每一次画面切换都充满惊喜。运用得当，转场不仅能提升观赏体验，还能深刻表达视频的情感与主题，让作品更加引人入胜。下面介绍在剪映电脑版中添加转场效果的操作方法。

步骤 1　选择第1段素材，如图14-29所示。

步骤 2　❶单击"动画"按钮；❷在"入场"选项卡中选择"渐显"动画，使图像慢慢显现出来；❸设置"动画时长"为0.8 s，控制动画的时间长度，如图14-30所示。

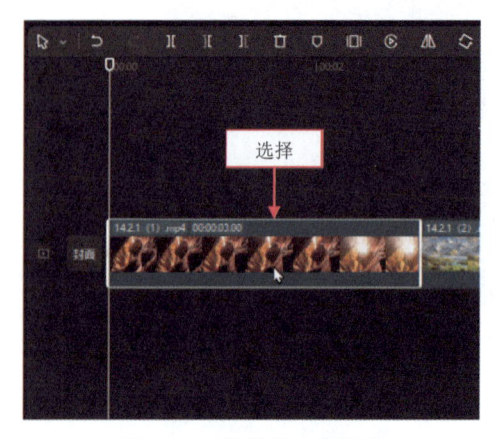

图 14-29　选择第 1 段素材 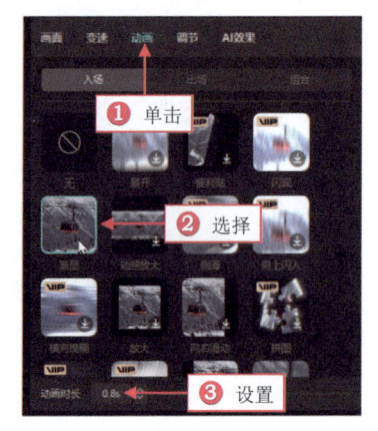　　　图 14-30　设置动画时长

步骤 3　拖动时间轴至第1段素材和第2段素材之间，如图14-31所示。

步骤 4　❶单击"转场"按钮；❷切换至"转场效果"|"运镜"选项卡；❸单击"推近"转场右下角的"添加到轨道"按钮，如图14-32所示，为第1段素材和第2段素材之间添加转场。

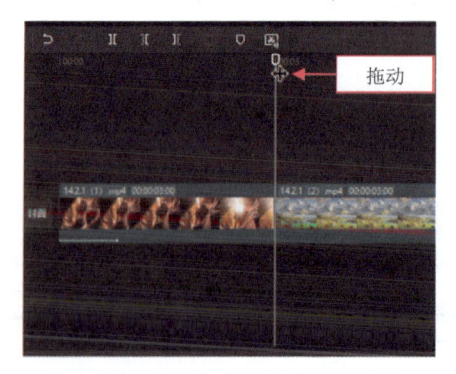

图 14-31　拖动时间轴至相应位置 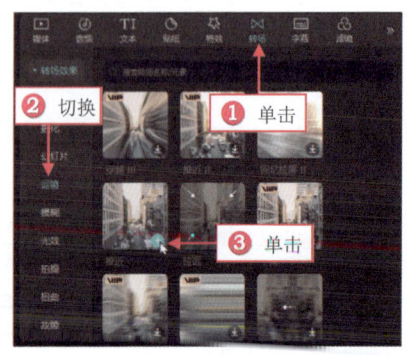　　　图 14-32　单击"添加到轨道"按钮

**步骤 5** 用与上相同的方法为其他的视频之间添加合适的转场效果，如图14-33所示，即可使视频之间的过渡更加自然。

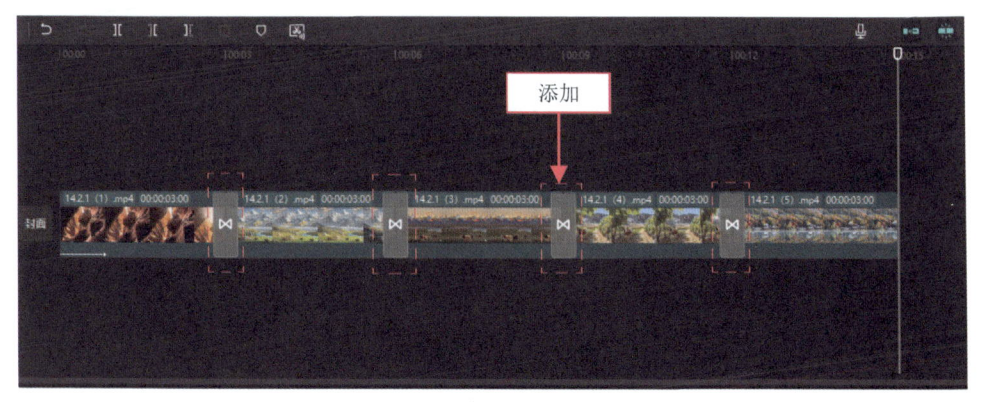

图 14-33　添加转场效果

## 14.2.3　片头片尾：增强视频完整性

在剪映电脑版中，精心设计的片头片尾如同为视频作品披上了一袭华丽的礼服，不仅提升了视觉上的审美享受，更在结构上增强了视频的完整性。片头以独特的创意吸引眼球，迅速将观众带入视频的世界；片尾则以温馨的回顾或巧妙的留白，为故事画上圆满的句号。这样的设计不仅让视频内容更加连贯，还加深了观众的记忆点，使得整个作品更加专业、精致，令人回味无穷。下面介绍在剪映电脑版中制作片头片尾的操作方法。

**步骤 1**　❶在视频起始位置单击"文本"按钮；❷单击"默认文本"右下角的"添加到轨道"按钮➕，如图14-34所示，即可添加文本。

**步骤 2**　调整"默认文本"的时长至相应位置，如图14-35所示。

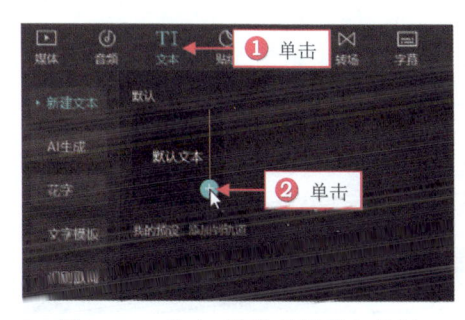

图 14-34　单击"添加到轨道"按钮 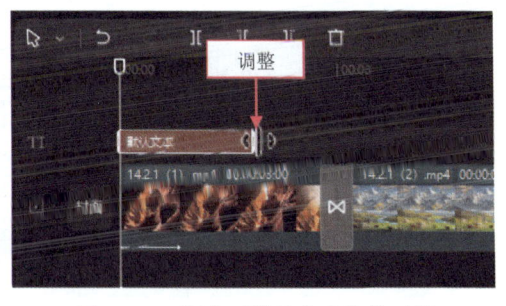　　　图 14-35　调整"默认文本"的时长

225

步骤 3　❶在"文本"操作区中更改文字内容；❷选择合适的字体，并调整字体的样式；❸调整文字的大小，如图14-36所示，使得片头文字更加贴合视频内容。

步骤 4　❶单击"动画"按钮；❷在"入场"选项卡中选择"甩出"动画，使文本恰当地显现出来；❸设置"动画时长"为0.7 s，控制动画的时间长度，如图14-37所示。

图14-36　调整文字的大小　　　　　　图14-37　设置动画时长

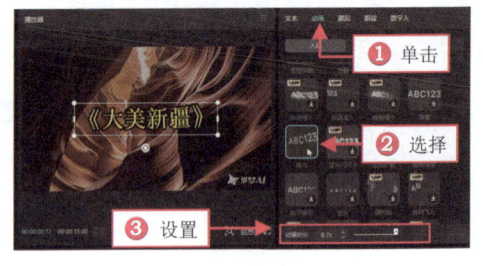

步骤 5　❶切换至"出场"选项卡；❷选择"溶解"动画，使文字自然的消失，如图14-38所示。

步骤 6　选择最后1段素材，如图14-39所示。

步骤 7　❶单击"动画"按钮；❷在"出场"选项卡中选择"放大"动画，使画面慢慢放大并且消失；❸设置"动画时长"为1.0 s，控制动画的时间长度，如图14-40所示。

图14-38　选择"溶解"动画

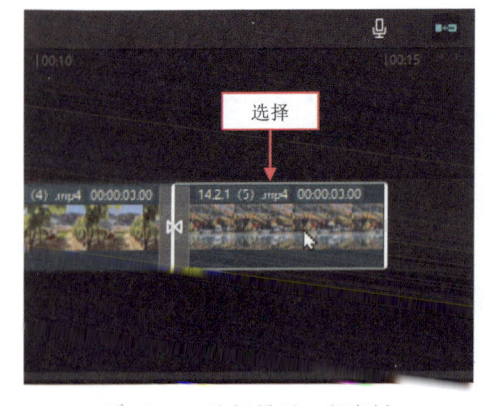

图14-39　选择最后1段素材　　　　　　图14-40　设置动画时长

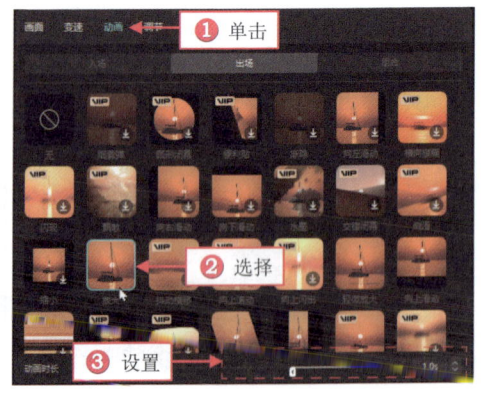

## 14.2.4 背景音乐：增强听觉效果

在剪映电脑版中，背景音乐是视频创作的灵魂伴侣。它不仅能够填补画面的空白，为视频增添情感色彩，还能引导观众情绪，深化主题表达。精心挑选的背景音乐能够提升视频的整体质感，让平凡的场景焕发新生，增强故事的讲述力。

无论是温馨回忆、激情瞬间还是静谧时光，背景音乐都能以其独特韵律，为视频赋予无限魅力与感染力。下面介绍在剪映电脑版中添加背景音乐的操作方法。

步骤 1　❶在视频起始位置单击"音频"按钮；❷在搜索栏中输入并搜索相应歌曲，即可查找相关类型的歌曲；❸单击所选音乐右下角的"添加到轨道"按钮，即可添加音乐至轨道中，如图14-41所示。

图 14-41　单击"添加到轨道"按钮

步骤 2　添加音乐后，❶拖动时间轴至视频末尾位置；❷选中音频后单击"向右裁剪"按钮，如图14-42所示，分割并删除音频。

图 14-42　单击"向右裁剪"按钮

步骤 3　在"基础"操作区中设置"淡出时长"为1.0 s，使音频停止更加自然，如图14-43所示。

步骤 4　操作完成后，即可为视频添加背景音乐，如图14-44所示。

🖱 小贴士

背景音乐不仅能让视频更加饱满立体，还能根据视频节奏智能调节音量起伏，营造出身临其境的氛围，让每一次观看都成为一次难忘的听觉与视觉盛宴。

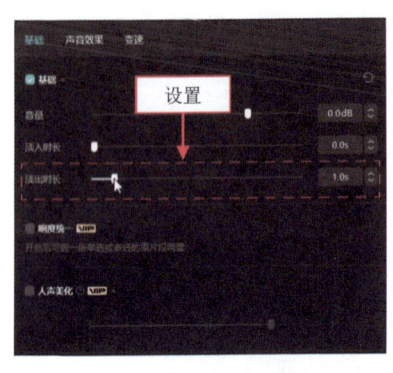

图 14-43　设置"淡出时长"　　　图 14-44　添加背景音乐

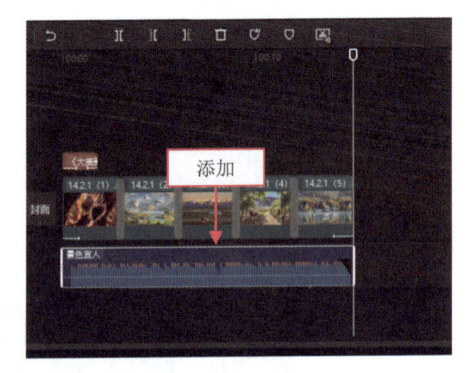

步骤 5　单击 ▶ 按钮，如图14-45所示，即可预览视频效果。

图 14-45　单击相应按钮

🖱 小贴士

在剪映电脑版中添加背景音乐时，需要注意以下几点问题：

1. 版权问题：务必确保所使用的背景音乐是合法且已获得授权的。未经授权使用音乐可能会侵犯版权，导致法律纠纷。

2. 音乐与视频内容的匹配：背景音乐应与视频内容相协调，能够增强视频的情感表达和氛围营造。

3. 音量控制：背景音乐的音量应与视频中的其他声音元素（如对话、音效等）保持平衡。

4. 音效和过渡效果：剪映电脑版提供了丰富的音效和过渡效果，可以在添加背景音乐时加以利用。例如，可以使用淡入淡出效果来平滑地引入和结束音乐，或者使用其他音效来增强音乐的表现力。

5. 预览和调整：在添加背景音乐后，务必进行预览以检查其效果。如果发现任何问题（如音量不平衡、音乐与视频内容不匹配等），应及时进行调整。通过反复预览和调整，可以确保最终的视频作品达到最佳效果。

综合考虑才能创作出既符合版权要求又能提升观众观看体验的优秀视频作品。

## 14.2.5 导出成品：展现创作成果

在剪映电脑版中，导出成品是创作流程中至关重要的一环。它意味着将精心编辑的视频作品从软件环境中脱离出来，转化为可分享、可播放的格式。通过"导出"功能，创作者能够将创意与心血转化为生动的视频故事，便于在各大平台上发布传播。这一步骤不仅保存了劳动成果，还促进了创意的广泛传播与交流，让更多人能够欣赏到精心制作的视频内容。下面介绍在剪映电脑版中导出成品视频的操作方法。

步骤 1　单击界面右上角的"导出"按钮，如图14-46所示。

步骤 2　弹出"导出"对话框，❶修改作品的名称及导出位置；❷单击"导出"按钮，如图14-47所示，即可导出视频。

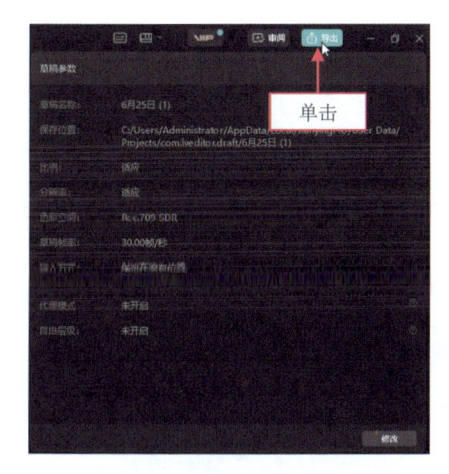

图 14-46　单击"导出"按钮　　　图 14-47　导出视频

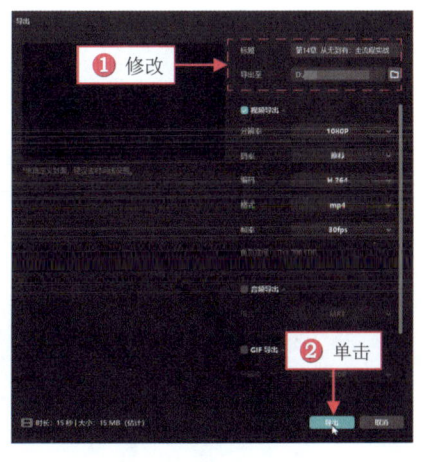